Bibliografische Information der Deutschen Nationalbibliothek:

Die Deutsche Bibliothek verzeichnet diese Publikation in der Deutschen Nationalbibliografie; detaillierte bibliografische Daten sind im Internet über http://dnb.d-nb.de/ abrufbar.

Impressum:

Druck und Bindung: Books on Demand GmbH, Norderstedt Germany
ISBN: 9783668409811

Dieses Buch bei GRIN:

http://www.grin.com/de/e-book/354851/stadtmarketing-als-umfassendes-konzept-einer-kooperativen-stadtentwicklung

Anne Böing

Stadtmarketing als umfassendes Konzept einer kooperativen Stadtentwicklung. Stadtmarketingelemente und Prozess des Stadtmarketings

Bundesvereinigung City- und Stadtmarketing Deutschland (BCSD) Umfrage

GRIN Verlag

Anne Böing

20.12.2016

Stadtmarketing als umfassendes Konzept einer kooperativen Stadtentwicklung

Stadtmarketingelemente und Prozess des Stadtmarketings unter Berücksichtigung der BCSD-Stadtmarketingumfrage

Inhalt

Abbildungsverzeichnis

Abkürzungsverzeichnis

BCSD – Bundesvereinigung City- und Stadtmarketing Deutschland

BID - Business Improvement District

bzw. – beziehungsweise

Difu – Deutsches Institut für Urbanistik

eG - eingetragene Genossenschaft

e.V. - eingetragener Verein

GEMA – Gesellschaft für musikalische Aufführungs- und mechanische Vervielfältigungsrechte

GmbH - Gesellschaft mit beschränkter Haftung

NRW - Nordrhein Westfalen

NSM – Neues Steuerungsmodell

o.S. – ohne Seitenangabe

v.Chr. – vor Christus

z.B. - zum Beispiel

I Einleitung

„Wer an den Dingen seiner Stadt keinen Anteil nimmt, ist nicht ein stiller Bürger, sondern ein schlechter." (PERIKLES 430 v. Chr.).

City- und Stadtmarketingprozesse werden in nahezu allen deutschen Städten als Instrument zur Zukunftsentwicklung und Profilierung eingesetzt. Vor allem in größeren Städten geschieht dies meist durch eine professionelle Stadtmarketingorganisation. Während andere städtische Ämter und Einrichtungen über spezifische Zuständigkeiten definiert sind, muss das Stadtmarketing umfassender ausgerichtet werden. Stadtmarketing ist nicht nur kommunale Öffentlichkeitsarbeit oder Standortwerbung und lässt sich nicht auf Public Relations oder Werbung reduzieren. Es bildet sozusagen die Schnittstelle zwischen den verschiedenen Handlungsfeldern einer Stadt. Stadtmarketing ist ein Kommunikations- und Entwicklungsprozess, an dem sich idealerweise möglichst viele Einwohner, Unternehmen, Institutionen etc. beteiligen sollten (vgl. BRANDNER 2000, S. 1).

„Zu den Gewinnern im Städtewettbewerb werden jene Städte gehören, die ihre Stärken konzentrieren und mit einer Stimme hörbar machen können. Dies gelingt nur, wenn Themen angemessen identifiziert, städtische Ressourcen gebündelt und Themen gemeinsam bearbeitet werden." (BCSD 2011, S. 1).

Die Moderation und Organisation dieses Prozesses zählt zu den Kernaufgaben des Stadtmarketings. Insbesondere in Zeiten schwindender Wahlbeteiligung stellt Stadtmarketing ein Instrument der Einwohnerbeteiligung dar, das eng mit der Kommunalpolitik verknüpft ist. Aber auch die Zusammenarbeit mit der Wirtschaft ist ein zentrales Element des Stadtmarketings, das immer wichtiger wird. Es gibt viele Gründe, sich näher mit dem Stadtmarketing zu beschäftigen. Doch was genau lässt sich eigentlich unter diesem eher abstrakten Begriff verstehen? Auf welchen verschiedenen Ebenen wurde und wird versucht, sich dieser Thematik anzunähern und wie hat sich das Stadtmarketing in den letzten Jahrzehnten verändert? Neben einer Klärung der Begrifflichkeiten sowie einem Überblick zu den zeitlichen Entwicklungsstufen soll es in der vorliegenden Arbeit vor allem um die Frage gehen, ob sich Stadtmarketing planen lässt und wenn ja, welche verschiedenen Ansätze existieren. Der Fokus liegt dabei auf dem Stadtmarketing als umfassender Ansatz einer kooperativen Stadtentwicklung. Als Grundlage dienen die Ergebnisse der Stadtmarketingumfragen der Bundesvereinigung City- und Stadtmarketing Deutschland e.V. (BCSD) 2014 sowie des Deutschen Instituts für Urbanistik (Difu) 2004.

1 Begriffsdefinition und Ausgangsbetrachtungen

Erste Ansätze und Erfahrungen zum Stadtmarketing finden sich in den USA und Großbritannien bereits in den 1970er Jahren. In Deutschland lässt sich allerdings erst ab Mitte der 1990er Jahre von einem Bedeutungszuwachs des Stadtmarketing sprechen. Während es 1995 bundesweit lediglich 40 Städte waren, ließen sich 2001 in bereits 80 Kommunen allein in NRW Stadtmarketingaktivitäten beobachten (vgl. HELBRECHT 2002, S.17). Die Meinungen darüber, was Stadtmarketing genau bedeutet, fielen jedoch sehr unterschiedlich aus und auch heute, wo Stadtmarketing schon zur Routine geworden ist, findet sich nach wie vor eine Vielzahl von Positionen zu dieser Thematik. Der Deutsche Städtetag unternahm bereits 1990 den Versuch einer Definition: *„Stadtmarketing ist mehr als Kommunikation, mehr als Werbung. Städtemarketing ist ein mittel- und langfristiges Führungs- und Handlungskonzept, das auf einer Leitidee basiert. Dieses Konzept erfordert Arbeit am „Produkt Stadt" und einen auch für die Bürger offenen Prozess der gemeinsamen Realisierung"* (PRESSEAUSSCHUSS DEUTSCHER STÄDTETAG, 1990, S.230). Entscheidet sich eine Stadt, bestehende Strukturen und Prozesse zu verändern und neue Wege einzuschlagen, kann dies auf viele unterschiedliche Art und Weisen geschehen. Stadtmarketing kann in diesem Zusammenhang z.B. als Methode, Instrument oder einfach nur als Denkweise verstanden werden. Es kann ganzheitlich umgesetzt werden oder nur für einen Teilbereich. Es kann sich in kurzfristigem Aktionismus äußern oder langfristig geplant werden. Dem Begriff „Stadtmarketing" steht kein genau definierter, konzeptionell geschlossener Raum zur Verfügung, der übernommen werden kann (vgl. BIRK/LEPPA 2002, S.3). Da im weiteren Verlauf jedoch die Ergebnisse der aktuellen Umfrage der BCSD vorgestellt und diskutiert werden, wird die von der Vereinigung gewählte Definition des Stadtmarketing auch der vorliegenden Arbeit zugrunde gelegt. Stadtmarketing lässt sich demzufolge verstehen als *„Ansatz zielgerichteter Gestaltung und Vermarktung einer Stadt, basierend auf der Philosophie der Kundenorientierung. Es dient der nachhaltigen Sicherung und Steigerung der Lebensqualität der Bürger und der Attraktivität der Stadt im Standortwettbewerb."* (BLOCK/ICKS 2010, S.3).

Insbesondere seit der Jahrtausendwende lässt sich fast schon von einer „Konjunktur" des Stadtmarketing sprechen. Die Gründe dafür sind vielfältig. Durch die Veränderung der wirtschaftlichen, technologischen, gesellschaftlichen und politischen Rahmenbedingungen sehen sich die Kommunen nach wie vor einem wachsenden Handlungsdruck ausgesetzt – bei gleichzeitig knapper werdenden Handlungsressourcen.

Mit der weltweiten Ausweitung von Wirtschaftsbeziehungen und Finanzströmen (*Globalisierung*) gehen kulturelle Anpassung sowie eine „Schrumpfung des Raumes" und neue Migrationsbewegungen einher (vgl. FLOETING/HOLLBACH-GRÖMIG 2005, S. 13 ff.). Gleichzeitig gewinnt aber auch die regionale Ebene an Bedeutung, denn Standorte lassen sich international besser in regionalen Zusammenhängen vermarkten. Dabei spielt insbesondere die Betonung der „unverwechselbaren" kommunalen bzw. regionalen „Individualität" eine wichtige Rolle. Angetrieben wird die Globalisierung durch den *technologischen Wandel*, vor allem auf Ebene der Informations-, Kommunikations- und Transporttechnologien. Für Städte und Regionen gilt es, sich diese Entwicklung zu Nutze zu machen. Stadtmarketing wäre heute beispielsweise ohne die Anwendung digitaler Medien nahezu undenkbar. Der *wirtschaftliche Strukturwandel* spielt ebenfalls eine Rolle. Deutschland befindet sich wie alle westlichen Industriestaaten im Übergang von der Industrie- zur Dienstleistungs- und Informationsgesellschaft. Dienstleistungen übertreffen vielerorts die Güterproduktion, was Wertschöpfung und Beschäftigung angeht. Wie sich eine Stadt zukünftig als Wirtschaftsstandort entwickelt, hängt von zahlreichen Rahmenbedingungen ab. In jedem Fall muss sich das Stadtmarketing auf die, mitunter auch negativen, Folgen (z.B. Arbeitslosigkeit, zunehmende Segregation) dieses Strukturwandels einstellen. Ähnlich sieht es in Bezug auf den *sozialen und demographischen Wandel* aus. Eine rückläufige Bevölkerungsentwicklung trotz hoher Zuwanderungsraten verbunden mit einer rapiden Alterung der Gesellschaft stellen hier die zentralen Herausforderungen dar. Aber auch der *Wertewandel* (Individualisierung, Hedonismus, Gleichberechtigung der Geschlechter) ist ein präsentes Thema, das es zu berücksichtigen gilt. Ein weit verstandenes Stadtmarketing kann diese Entwicklungen durchaus als Chance nutzen, indem auch das soziale und kulturelle Umfeld der Akteure mit einbezogen wird (vgl. GRABOW/HOLLBACH-GRÖMIG/BIRK 2006a, S. 20 f). Eine Folge dieser beschriebenen Trends ist der wachsende Wettbewerb zwischen Regionen, Städten und Gemeinden um Ressourcen (Geld, Konsumenten, Bürger etc.).

Als Reaktion lässt sich vielerorts die Strategie beobachten, dass Kommunalpolitik und –verwaltung, meist als Bestandteil oder Schwerpunkt des Stadtmarketings, diesen Entwicklungen „angepasst" werden. Vermehrt spielen beispielsweise auch Kooperationen eine Rolle, um im regionalen Kontext mehr überregionale bzw. sogar internationale Sichtbarkeit zu erreichen. Festzuhalten ist an dieser Stelle, dass die veränderten Herausforderungen der letzten Jahrzehnte zu neuen Paradigmen der Stadt- und Regionalentwicklung geführt haben.

Sie beinhalten Instrumente wie das Neue Steuerungsmodell[1], Controlling, Balanced Scorecard[2] oder Public Private Partnerships und auch das Stadtmarketing lässt sich hier einordnen. Ähnlich wie die anderen genannten Begriffe leitete sich auch das Stadtmarketing ursprünglich aus einem theoretisch-wissenschaftlichen Kontext ab. Die drei wichtigsten Betrachtungsperspektiven waren die betriebswissenschaftliche Sichtweise (Übertragbarkeit der Ansätze von Unternehmen auf Kommunen); die politisch- gesellschaftwissenschaftliche Sichtweise (kommunikative Stadtentwicklungspolitik) sowie die Sichtweise der externen Strukturreform der öffentlichen Verwaltung (Aufgabenprivatisierung bzw. öffentlich-private Partnerschaften für öffentliche Güter/Leistungen). Mit der zunehmenden Popularität des Stadtmarketing und den damit verbundenen praktischen Initiativen wuchs jedoch die Diskrepanz zwischen theoretischer Reflexion und praktischer Anwendung (vgl. GRABOW/HOLLBACH-GRÖMIG/BIRK 2006a, S. 23 f.).

Die Entwicklung des Stadtmarketings lässt sich, seit seinen Anfängen in den 1980er Jahren, im Grunde in drei Phasen aufteilen. Die *erste Phase* (Innovation und „Markteinführung"), beginnend Mitte der 1980er Jahre, war geprägt durch die Entwicklung des Instruments und die Gewinnung erster Erfahrungen in der praktischen Arbeit. In der *zweiten Phase* (Diffusion), etwa seit Beginn der 1990er Jahre, wurde das Stadtmarketing immer präsenter für die Städte und Gemeinden. Gleichzeitig rückte der Ansatz des Stadtmarketing als „umfassende; kooperative Stadtentwicklung" in den Vordergrund, bei dem die partnerschaftliche Zusammenarbeit aller relevanten Akteure die zentrale Rolle spielt und der sich somit enorm von dem ursprünglich betriebswissenschaftlichen Ansatz unterscheidet. Dieses Konzept erfuhr sowohl in der Wissenschaft als auch in Beratungsinstitutionen breite Zustimmung. Die *dritte Phase* (Konsolidierung und Umsetzungsorientierung) seit Ende der 1990er Jahre zeichnete sich durch die zunehmende Verbreitung des Stadtmarketings aus und wird auch als „Boom-Phase" des Stadtmarketings bezeichnet. Diese ging häufig mit einer pragmatischen Umsetzung einher. Vielerorts orientierte man sich eher weniger am Ansatz des umfassenden, kooperativen Stadtmarketings, sondern konzentrierte sich auf bestimmte Teilbereiche bzw. Projekte.

[1] Das *neue Steuerungsmodell (NSM)* skizziert das Konzept einer neuen Verwaltungsführung und –steuerung, das auf dem Zusammenwirken verschiedener Steuerungsmechanismen in der Verwaltung beruht. Ziel dabei ist eine aktiv (strategisch) geführte, kundenorientierte Verwaltung, die sich neben Legalität und Legitimität auch über Effektivität und Effizienz ausweist (vgl. GABLER WIRTSCHAFTSLEXIKON 2014a, o.S.).

[2] Die *Balanced Scorecard* ist ein Verbindungsglied zwischen Strategiefindung und –umsetzung. In ihrem Konzept werden die traditionellen finanziellen Kennzahlen durch einen Kunden-, einer interne Prozess- sowie eine Lern- und Entwicklungsperspektive ergänzt (vgl. GABLER WIRTSCHAFTSLEXIKON 2014b, o.S.).

Das Deutsche Institut für Urbanistik (Difu) sowie die Bundesvereinigung City- und Stadtmarketing Deutschland e.V. (BSCD) verfolgten mit verschiedenen empirischen Studien den Anspruch, die Gründe für diese Entwicklung zu ergründen und herauszufinden, wie das Stadtmarketing tatsächlich in der Praxis umgesetzt wird. Der Schwerpunkt dieser Arbeit liegt darin, diese Ergebnisse darzustellen, zu diskutieren sowie miteinander in Bezug zu setzen.

Zunächst werden in Kapitel II die Grundlagen des Stadtmarketings zusammengefasst. Es werden die zentralen Elemente, Typen sowie der Prozess des Stadtmarketings erläutert. Der Fokus liegt dabei auf dem umfassenden Stadtmarketing, da dieser Ansatz im theoretischen Diskurs die breiteste Zustimmung erfuhr. Aber auch andere Erscheinungsformen des Stadtmarketings werden dargestellt.

In Kapitel III werden die Ergebnisse der aktuellen BCSD-Stadtmarketingumfrage vorgestellt und, sofern möglich, mit den Ergebnissen der Vorgängerstudien des Difu verglichen. Es folgt in eine kritische Betrachtung der vorgestellten Ergebnisse in Kapitel IV. Die Arbeit schließt in Kapitel V mit einem Fazit verbunden mit einem Ausblick ab.

II Elemente, Typen und Prozess

Es gibt zahlreiche Auffassungen darüber, was Stadtmarketing ist und wie es umgesetzt werden sollte. Ähnliche Konzepte werden zudem unterschiedlich bezeichnet. Insbesondere im Zuge des Übergangs der ersten in die zweite Phase und der damit verbundenen Verbreitung des Stadtmarketing, verlor der Begriff immer mehr an Prägnanz und Eindeutigkeit. Ein Ansatz des Difu, der wohl allgemein die breiteste Zustimmung erfuhr, war der des Stadtmarketing als „umfassende, kooperative Stadtentwicklungsplanung". Die weitere Entwicklung machte aber deutlich, dass ein allgemeiner Konsens über das ideale Modell nicht immer zwangsläufig dazu führt, dass dieses auch in der Praxis die breiteste Umsetzung erfährt. So macht es Sinn, sich im Folgenden sowohl mit dem Konzept des umfassenden Stadtmarketings zu befassen, als auch andere Typen in den Blick zu nehmen.

2.1 Umfassendes Stadtmarketing – ein Puzzle

Für die „Konstruktion" eines umfassenden Stadtmarketings entwickelte das Difu 1995 als Bild und Analogie ein zwölfteiliges Puzzle (vgl. GRABOW/HOLLBACH-GRÖMIG 1998, S. 38 ff.).

Abb. 1: Puzzle – umfassendes Stadtmarketing

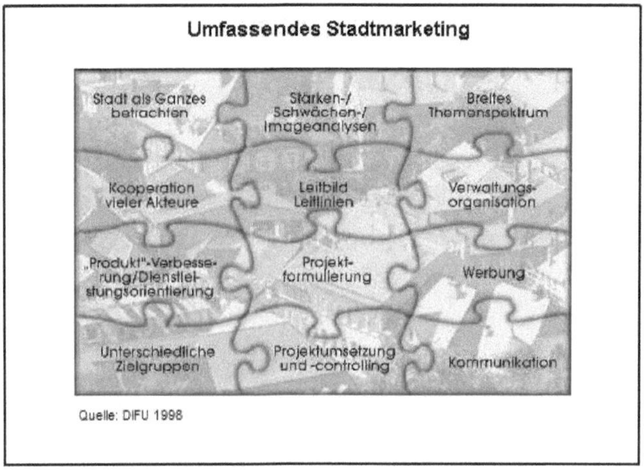

Diese Darstellung ist nicht zufällig gewählt. Dadurch soll signalisiert werden, dass die einzelnen Elemente des Stadtmarketing lückenlos ineinander greifen müssen, das Bild erst nach einer Vervollständigung der Teile komplett ist und bei der Entwicklung eines erfolgreichen Stadtmarketing schrittweise vorgegangen werden muss (vgl. ebd.).

2.1.1 Philosophie des Stadtmarketings

Die ersten vier vertikalen Puzzleteile der linken Seite lassen sich der Philosophie des Stadtmarketing zuordnen. Dabei soll zunächst die *Stadt als Ganzes* betrachtet werden. Im Gegensatz zu anderen Formen des Stadtmarketing, die sich beispielsweise nur auf die Innenstadt konzentrieren (City-Marketing), steht beim umfassenden Stadtmarketing die Stadt oder Gemeinde als Ganzes im Mittelpunkt. Laut Difu sind attraktive und urbane Innenstädte für die Einwohner/-innen zwar wichtig, ausschlaggebend für die Zufriedenheit mit dem Wohn- und Arbeitsort sind allerdings Aspekte und Angebote, die für Lebensqualität im näheren Wohnumfeld stehen (vgl. GRABOW 1995, S.213 ff.).

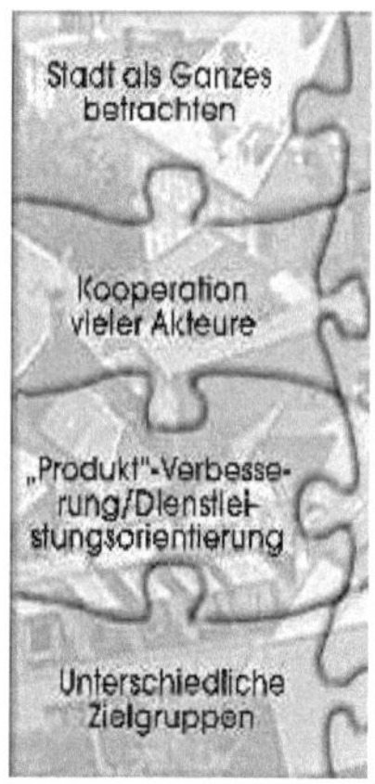

Quelle: Difu 1998, S.33.
Abb. 2: Philosophie - Puzzleteile

Desweiteren spielt auch die Attraktivität der Stadt aus Unternehmersicht eine Rolle, im Hinblick auf Flächen, Arbeitsmarkt, „Unternehmerfreundlichkeit" sowie Serviceorientierung der kommunalen Verwaltung (vgl. GRABOW/HOLLBACH-GRÖMIG 2006, S. 62).

Ein weiterer Bestandteil der Philosophie eines umfassenden Stadtmarketings ist die *Kooperation vieler Akteure.* Das Difu geht davon aus, dass die Stadt als Lebensraum nicht nur durch Politik und Verwaltung, sondern ebenso durch Einwohner, die lokale Wirtschaft und zahlreiche weitere Akteure mitgestaltet werden kann. Sogar Besucher können indirekt auf die Entwicklung einer Stadt Einfluss nehmen. Denn ein umfassendes Stadtmarketing begreift die „Aufgabe Stadt" als kooperativen Prozess einer Vielzahl von Akteuren und nur mit der „richtigen" korporativen Kultur auf allen Seiten könne eine koordinierende Standortpolitik gelingen (vgl. HELBRECHT 1994, S.197). Auch die *Verbesserung am „Produkt Stadt"* und seinen städtischen Angeboten sowie eine ausgeprägte *Dienstleistungsorientierung* lassen sich zu einem Puzzleteil der Philosophie des Stadtmarketings zusammenfassen. Die Leistungsfähigkeit der Verwaltung lässt sich dabei gemäß Difu an folgenden Qualitätsindikatoren messen: Orientierung an den Bedürfnissen der Nachfrager, Bürgernähe, Kostenbewusstsein, Effizienz, Schnelligkeit und Fachkompetenz (vgl. GRABOW/HOLLBACH-GRÖMIG 2006, S. 64 f). Als letztes Puzzleteil der Philosophie des umfassenden Stadtmarketing definierte das Difu die Ausrichtung auf *unterschiedliche Zielgruppen.*

Die Stadt muss sich in ihrer Entwicklung an den Bedürfnissen all derer orientieren, die in ihr wohnen, arbeiten oder ihre Freizeit verbringen. Auch die daraus resultierenden Zielkonflikte sind Bestandteil eines umfassenden Stadtmarketings und müssen berücksichtigt werden (vgl. ebd.).

2.1.2 Der Stadtmarketingprozess

Die vier vertikalen Teile in der Mitte des Puzzles stellen die verschiedenen Ablaufphasen des Prozesses eines umfassenden Stadtmarketings dar. Laut Difu muss zu Beginn eines jeden Prozesses, der zu einer Verbesserung der „Stadtqualität" führen soll, zunächst eine klassische *SWOT-Analyse* durchgeführt werden. Diese setzt an vorhandenen Defiziten, den individuellen Stärken, erfolgsversprechenden Potenzialen sowie konkreten Problemlagen vor Ort an. Dabei reicht die interne Problemsicht, also die Einschätzungen aus der Kommunalverwaltung und –politik nicht aus.

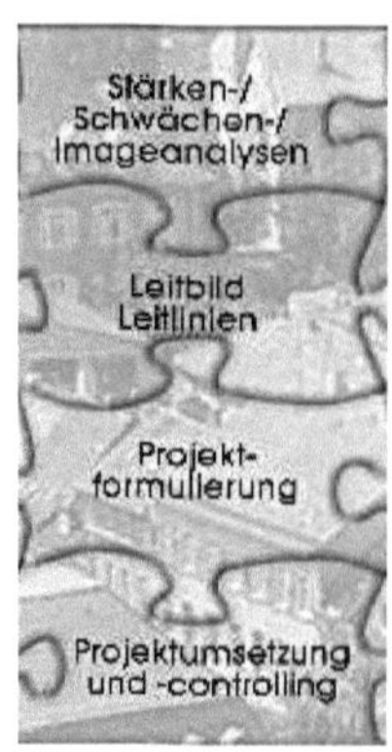

Quelle: Difu 1998, S.33.

Abb. 3: Prozess - Puzzleteile

Sinnvoll ist es vielmehr, wie bereits in der Philosophie erwähnt, auch die Perspektiven von Bürgerschaft, Wirtschaftsakteuren, Gästen der Stadt sowie weiteren relevanten Akteuren mit einzubeziehen. Ziel sollte es sein, ein Stärken-/Schwächen-Profil der Gesamtstadt, eines städtischen Teilraums wie beispielsweise eines Quartiers in den verschiedenen prägenden Bereichen zu ermitteln, die Chancen und Risiken einzuschätzen sowie Wettbewerbsvor- und –nachteile zu erkennen (vgl. ebd.). Das zweite Puzzleteil auf dem Weg zu einem umfassenden Stadtmarketing beinhaltet die Formulierung von *Leitbildern/Leitlinien*. Dieser Schritt wird in der theoretischen Diskussion oft gleichgesetzt mit einem „identitätsorientierten Stadtmarketing“ oder auch der „Stadt als Marke“ (vgl. EBERT 2004). Anhand der Leitbilder soll dem Stadtmarketing eine Richtung gegeben werden. Sie dienen als Orientierungspunkt für Akteure, die am Stadtmarketingprozess mitwirken und helfen dabei konkrete Projekte zu entwickeln. Aus diesem Grund ist es laut Difu auch so wichtig, dass die Leitlinien im Konsens aller relevanten Akteure entstehen (vgl. GRABOW/HOLLBACH-GRÖMIG 2006, S. 66). Möglichst abgestimmt auf die formulierten Leitbilder/Leitlinien sieht das nächste Puzzleteil des Stadtmarketingprozesses die konkrete *Projektformulierung* vor, ebenfalls in Form von Arbeitsgruppen und im Konsens der beteiligten Akteure. Hier geht es darum, konkrete Zuständigkeiten, Zeitrahmen und Finanzierungswege festzulegen sowie Prioritäten zu setzen. Zwar steht bei einem umfassenden Stadtmarketing eher die langfristige Ausrichtung der Projekte im Vordergrund; um möglichst schnell vorzeigbare Erfolge zu generieren, macht es jedoch Sinn, vor allem zu Beginn auch kurzfristige Projekte umzusetzen. Auf diese Weise bleibt die Motivation der Akteure erhalten, gleichzeitig wird aber auch die Akzeptanz für das Stadtmarketing in der Stadtbevölkerung gestärkt (vgl.ebd.).

Das letzte Puzzleteil im Prozess des Stadtmarketings bildet schließlich die *Projektumsetzung* bzw. das *Projektcontrolling.* Für ein erfolgreiches Projektmanagement gehen die Projektumsetzung und das Projektcontrolling Hand in Hand. Auf diese Weise lassen sich die Projekte kontinuierlich auf ihre Fortschritte, den Zielerreichungsgrad im festgelegten Zeitfenster sowie die Finanzierung überprüfen (vgl. GRABOW/HOLLBACH-GRÖMIG 2006, S. 67).

2.1.3 Inhalte und Instrumente von Stadtmarketing

Die vier Puzzleteile der rechten Seite zeigen schließlich die aus Sicht des Difu relevanten Inhalte und Instrumente eines umfassenden Stadtmarketings. Wichtig ist zunächst ein *breites Themenspektrum*, welches eng auf die zuvor formulierten Ziele abgestimmt sein sollte. Die Themenpalette reicht dabei von Tourismus, Wirtschafts- und Einzelhandelsförderung über Öffentlichkeitsarbeit, Verkehr, Kultur, Soziales, Sport und Freizeit bis hin zu Natur und Umwelt. Ein breites Themenspektrum erleichtert das für ein umfassendes Stadtmarketing essentielle kooperative Vorgehen, da mehrere Akteure angesprochen werden.

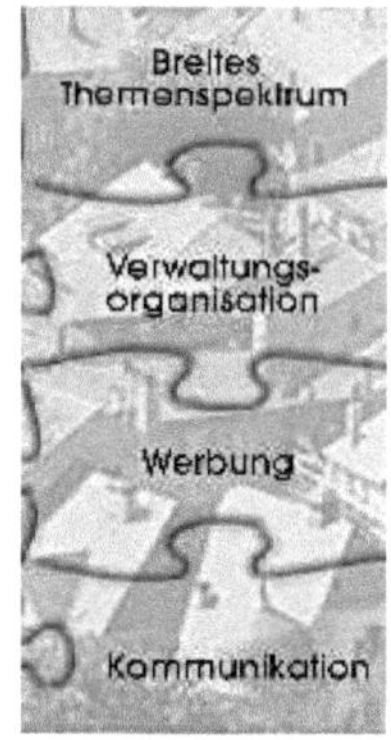

Quelle: Difu 1998, S.33.

Abb. 4: Inhalte und Instrumente - Puzzleteile

Die Schwierigkeit besteht an dieser Stelle darin, die Balance zwischen einer ausreichenden Anzahl an Themen und einer zu breit gefächerten Palette an Themenfeldern zu finden, was wiederum den Erfolg der Projekte beeinträchtigen könnte (vgl. ebd.). Ein weiterer Bestandteil der Inhalte und Instrumente eines umfassenden Stadtmarketing ist laut Difu die *Verwaltungsorganisation*. Dabei gehe es in erster Linie darum, das Auftreten und das damit verankerte Bild der Verwaltung in der Stadtgesellschaft zu überprüfen und gegebenenfalls hinsichtlich der Dienstleistungsqualität sowie der Effizienz zu verbessern. Das Difu schlägt in diesem Zusammenhang Projekte wie den One-Stop-Shop oder das virtuelle Rathaus vor (vgl. GRABOW/HOLLBACH-GRÖMIG 2006, S. 68). Auch der *Werbung* komme im Stadtmarketing in jeglichen Bereichen eine zentrale Rolle zu. Dabei sei es das Ziel, die Stadt in der Fülle der angebotenen Produkte und Dienstleistungen zu positionieren und dabei das Augenmerk auf ausgewählte Themenbereiche zu lenken. Auch, wenn das Difu stets betont, dass alle Puzzleteile des umfassenden Stadtmarketings von Relevanz seien, handle es sich beim Instrument Werbung um eines der Schlüsselelemente für ein erfolgsreiches Stadtmarketing. Als letztes Puzzleteil dieser Kategorie benennt das Difu das Instrument der *Kommunikation*. Denn nur, indem sich die relevanten Akteure darüber austauschen, was ihre Aufgaben und Ziele sind und in welchen Bereichen Probleme auftreten könnten, sei Stadtmarketing als Gemeinschaftsaufgabe umsetzbar (vgl. GRABOW/HOLLBACH-GRÖMIG 2006, S. 67 f.).

Umfassendes Stadtmarketing lässt sich zusammenfassend definieren als: *„kooperative Stadtentwicklung mit dem Ziel, eine Stadt und ihre Leistungen für Bürger, Wirtschaft sowie Auswärtige aufzuwerten, auf Basis einer verbesserten Kommunikation und langfristigen Partnerschaft zwischen allen, die an der Gestaltung des Lebensraumes Stadt mitwirken, mit der gemeinsamen Entwicklung und Umsetzung konkreter Projekte, auf Grundlage von partnerschaftlich erarbeiteten Leitlinien und offensiver, konsensorientierter Diskussion von Zielkonflikten“* (GRABOW/HOLLBACH-GRÖMIG 2006, S. 70).

Die folgende Abbildung 5 veranschaulicht die einzelnen Puzzleteile eines umfassenden Stadtmarketings:

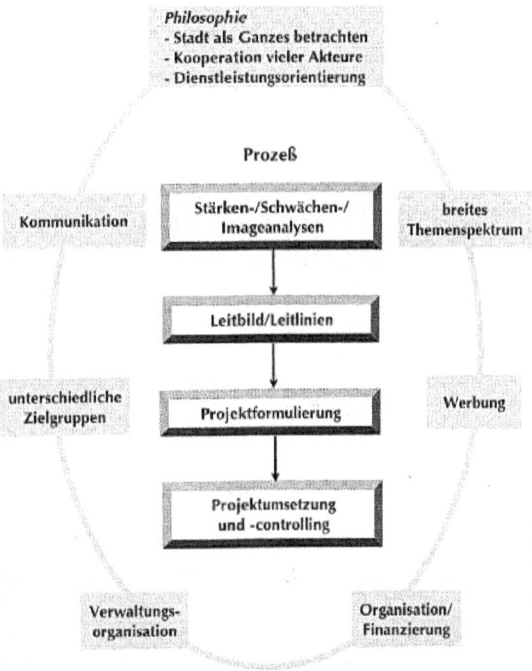

Quelle: Difu 1998, S. 75

Abb.5 : Elemente des umfassenden Stadtmarketing - Zusammenfassung

2.2 Typen von Stadtmarketing

Bei der ersten Städteumfrage des Difu zum Thema Stadtmarketing nach Entwicklung des Puzzles 1995 wurde deutlich, dass bei einem Großteil der in der Praxis bestehenden Formen von Stadtmarketing Puzzleteile fehlten oder unvollständig waren.

Es zeigte sich, dass viele Städte stattdessen beispielsweise City-Marketing betrieben, das sich nur auf die Innenstadt beschränkte oder sich lediglich auf Stadt- oder Standortwerbung konzentrierten. Trotz der breiten Zustimmung, die das Konzept des umfassenden Stadtmarketing auch in den darauffolgenden Jahren erfuhr, zeigte sich nach Auswertung einer erneuten Umfrage im Jahre 2004 ein ähnliches Ergebnis. Somit macht es Sinn, an dieser Stelle weitere Typen von Stadtmarketing ins Blickfeld zu nehmen, die in der Praxis häufiger vorzufinden sind.

Das Difu identifizierte bereits 1995, auf Basis der durchgeführten Umfrage, Typen von Stadtmarketing, wie sie in der kommunalen Praxis vorzufinden waren. Diese Typisierung beruhte zum einen auf der Berücksichtigung der Puzzleelemente sowie zum anderen auf der Auswertung einzelner Fragen zu Zielen, Akteuren und Maßnahmen. Daraus ergaben sich insgesamt neun verschiedene Typen von Stadtmarketing (vgl. Abb. 6). Um eine Vergleichbarkeit zu gewährleisten, wurden dieselben Kriterien auch der Typenbildung 2004 zugrunde gelegt (vgl. GRABOW/HOLLBACH-GRÖMIG 1998, S. 38 ff.).

Abb. 6: Stadtmarketingtypen des Difu 1995 und 2004

1995	2004
• umfassendes Stadtmarketing • Stadtmarketing ohne signifikante Verwaltungsorientierung • City-Marketing (umfassendes innenstadtorientiertes Stadtmarketing)	• umfassendes Stadtmarketing
• Einzelhandelsmarketing • Stadtwerbung • Standortmarketing • Stadtentwicklungsmarketing	• Stadtmarketing mit Einzelschwerpunkten
• individuelles Stadtmarketing (eingeschränktes Stadtmarketing mit verschiedenen Schwerpunktaktivitäten)	• Stadtmarketing mit mehreren Schwerpunkten
• rudimentäres Stadtmarketing (stark eingeschränktes Stadtmarketing mit verschiedenen Schwerpunktaktivitäten)	• partielles Stadtmarketing, hochaktiv • partielles Stadtmarketing, ohne Auffälligkeiten • partielles Stadtmarketing, wenig aktiv • partielles Stadtmarketing, wenig Kooperation

Quelle: eigene Darstellung nach Difu 2006, S. 71

Die Abbildung 6 veranschaulicht, dass nach Auswertung der Umfrage 2004 einige Typen von 1995 zusammengefasst wurden. Grund hierfür war, dass sie in der kommunalen Praxis kaum noch vorzufinden waren.

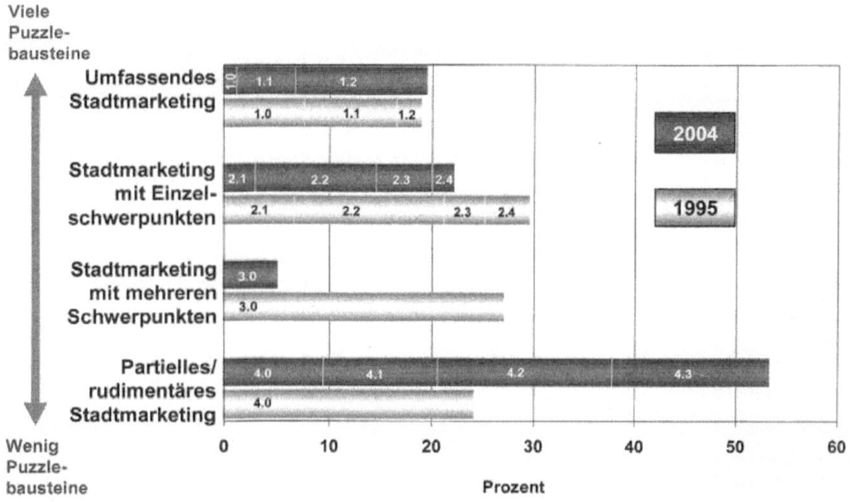

Abb. 7: Stadtmarketingtypen des Difu in der kommunalen Praxis 1995 und 2004

Quelle: Difu 2006, S. 72

Das rudimentäre/partielle Stadtmarketing wurde weiter ausdifferenziert, da dieser Typ in mehr als der Hälfte der befragten Kommunen praktiziert wurde. Der Anteil der Städte, die nach eigenen Angaben einen umfassenden Ansatz verfolgten, änderte sich dagegen kaum. Stattdessen fanden sich zunehmend Projekte unterschiedlichster Art, die kaum noch überhaupt einem Typen zuzuordnen waren (vgl. GRABOW/HOLLBACH-GRÖMIG 2006, S. 72). Obwohl der Anteil dieser „unvollständigen" Typen in der Praxis deutlich zunahm, verfolgte gemäß Difu noch jede fünfte der befragten Städte einen umfassenden Ansatz (vgl. Abb. 7):

Bezüglich des Erfolgs wurde das umfassende Stadtmarketing bereits 1995 und auch 2004 in nahezu allen zugrunde liegenden Kriterien positiv bewertet, wobei sich dieses Ergebnis nach der Selbsteinschätzung der befragten Kommunen richtete (vgl. GRABOW/HOLLBACH-GRÖMIG 2006, S. 67). Gleichzeitig gaben aber auch einige Kommunen an, dass trotz des Erfolgs der zusätzliche Aufwand, den ein solches eher anspruchsvolles Konzept erfordert, höher ist als der erzielte Mehrwert.

Das Difu gab deshalb die Empfehlung ab, den umfassenden Ansatz in mittelgroßen Städten anzuwenden, da dort im Vergleich zu Großstädten das Akteursgefüge übersichtlicher ist und trotzdem die notwendigen Handlungsressourcen zur Verfügung stehen.

Das Konzept des umfassenden Stadtmarketings wurde entwickelt, als die Städte, angeregt durch die Pilotprojekte der 1980er Jahre sowie entsprechende (Erfolgs-)Literatur, große Erwartungen in die Möglichkeiten und Entwicklungsfähigkeit eines „breiten" Ansatzes setzten. Die beiden Umfragen des Difu verdeutlichen, dass es in der Praxis den wenigsten Städten gelang, diesen Ansatz konsequent weiterzuverfolgen. Der größte Anteil der Städte legte den Schwerpunkt eher auf kurzfristige, möglichst Erfolg versprechende Maßnahmen und Projekte (vgl. GRABOW/HOLLBACH-GRÖMIG 1998d, S.172).

Auf den Halbjahrestagungen der Bundesvereinigung City- und Stadtmarketing Deutschland e.V., der Interessenvertretung der City- und Stadtmarketingorganisationen in Deutschland, wurde immer wieder beklagt, dass sich die Überlegungen und Ansätze nicht in der gewünschten Form umsetzen lassen. Als Grund dafür wurde meist die finanzielle Situation genannt (GRABOW/HOLLBACH-GRÖMIG 2006, S. 310). GRABOW und HOLLBACH-GRÖMIG hielten dazu in ihrem Beitrag über die Perspektiven des Stadtmarketings in „Stadtmarketing- Status Quo und Perspektiven" (Difu) fest: *„Auch, wenn sich die Begeisterung für eine marktorientierte Stadt oder das ‚Unternehmen Stadt' relativiert hat, bleibt in der Aufgabe eines integrierten Managements jedoch noch sehr viel von der ursprünglichen Vision zu erkennen. Stadtmarketing ist in seiner von manchen vertretenen Idee einer marktorientierten Führung und als Dach aller Aktivitäten und Funktionen in einer Kommune gescheitert und ergänzt lediglich – wie Marketing in Unternehmen auch – andere Funktionen. Es ist aber dahingehend erfolgreich gescheitert, dass aus diesen funktionalen, prozessualen und institutionellen Impulsen heraus Dynamik in Richtung einer strategischen, kooperativen und partizipativen Stadtentwicklung entstanden ist."* (GRABOW/HOLLBACH-GRÖMIG/BIRK 2006b, S. 316). Fortführend wurde betont, dass selbst für Städte mit günstigen Ausgangsressourcen (Lage, strukturelle Rahmenbedingungen, touristische Attraktionen etc.) das Stadtmarketing nach wie vor eine große Rolle spielen sollte. Das Konzept des umfassenden Stadtmarketings wurde deshalb als nach wie vor empfehlenswerteste Variante genannt, um diese Handlungsressourcen auszuschöpfen und auf die Erfolgsfaktoren an den Märkten zu konzentrieren.

Die Autoren gingen davon aus, dass insbesondere bei steigendem Handlungsdruck, der zunehmenden Präsenz erfolgreicher Beispiele bei der Konkurrenz im Städtewettbewerb sowie einem wachsenden Erfahrungsschatz mit strategischen Prozessen das umfassende Konzept zukünftig wieder häufiger praktiziert werden wird (GRABOW/HOLLBACH-GRÖMIG/BIRK 2006b, S. 317). Umso erstaunlicher ist es, dass das Difu keine erneute Umfrage zu Entwicklungs- und Veränderungstendenzen im Stadtmarketing durchführte.

Stattdessen nahm sich die Bundesvereinigung City- und Stadtmarketing Deutschland e.V. (BCSD), die bereits an der Difu Umfrage 2004 mitwirkte, in einer Mitgliederumfrage 2014 dieser Thematik erneut an. Nachdem die Ergebnisse der beiden Umfragen des Difu bisher nur partiell und kontextrelevant vorgestellt wurden, wird die Auswertung der BCSD-Mitgliederumfrage nun detaillierter erläutert und interpretiert.

III Die BCSD-Stadtmarketingumfrage 2014

3.1 Das Profil der BCSD

Die BCSD wurde 1996 in Berlin gegründet. Nach eigenem Verständnis agiert der Verband als Vermittler zwischen den Stadtmarketingverantwortlichen und öffentlichen Einrichtungen sowie als Interessenvertreter gegenüber Politik und Verwaltung auf Bundes- und Landesebene. Die rund 300 ordentlichen Mitglieder der BCSD interagieren im Netzwerk mit verschiedenen Akteuren aus City- und Stadtmarketing. Dem Netzwerk sind außerdem Dienstleister aus dem Stadtmarketing als Fördermitglieder angeschlossen. Sie unterstützen den Verband allgemein in seiner Arbeit und stehen den ordentlichen Mitgliedern mit ihren Dienstleistungen zur Seite. Die BCSD unterhält Kooperationen und Partnerschaften mit anderen Verbänden, der Politik, Instituten und Organisationen. Ziel dabei ist, durch Diskussionen und regelmäßigen Austausch, das Stadtmarketing zu optimieren und weiterzuentwickeln. Der Philosophie der BCSD liegt das Bild der europäischen Stadt zugrunde, bei der Stadtentwicklung im Dialog mit Bürgern und in Kooperation mit allen relevanten Vertretern der Funktionsbereiche Wohnen, Arbeiten, Einkaufen, Erholen sowie der Stadtgestaltung umgesetzt wird. Die BCSD veröffentlicht regelmäßig Positionspapiere, in denen sie die Ergebnisse des Dialogs aus ihrem Netzwerk, festhält und Handlungsempfehlungen für die Arbeit vor Ort in den Städten gibt (vgl. BCSD 2014, S.5 f.).

City- und Stadtmarketingprozesse finden sich heute in nahezu allen deutschen Städten als Instrument zur strategischen Entwicklung, zur Profilierung und zur Steigerung der Lebensqualität. Zur Verstetigung installieren die meisten Kommunen eine professionelle Stadtmarketingorganisation.

Die Ausgestaltung des Stadtmarketings in der Praxis vor Ort variiert stark, wie auch die Umfrageergebnisse des Difu zeigten. Das führt dazu, dass die Vergleichbarkeit der Städte untereinander erschwert wird und der Diskurs über die Notwendigkeit des Stadtmarketings neben Stadtentwicklung und Wirtschaftsförderung nach wie vor präsent ist. Mit ihrer Arbeit verfolgt die BCSD das Ziel, die Bedeutung des Stadtmarketings für die Kommunen hervorzuheben sowie Akzeptanz und Wertschätzung insgesamt zu steigern (vgl. ebd.).

3.2 Die BCSD-Stadtmarketingumfrage 2014 - Ergebnisse

Trotz des anhaltenden Diskurses über die Notwendigkeit des Stadtmarketings, zeigt der Bedeutungszuwachs der ehemals als „weich“ bezeichneten Standortfaktoren (Kultur, Bildung, attraktives Stadtimage), dass auch das Stadtmarketing sich mittlerweile als Instrument etabliert hat. Die Philosophie des Stadtmarketings beinhaltet viele Elemente der „Integrierten Stadtentwicklung“ und weist zudem die nötigen Kernkompetenzen auf (Stakeholder-Management, Moderations- und Kommunikationsfähigkeit), um diese praktikabel umsetzen zu können. Durch die Querschnitts- und Netzwerkorientierung des Stadtmarketings, ist auch die Ausrichtung der Aufgaben- und Verantwortungsbereiche in der Regel sehr heterogen. Während die Anzahl an Publikationen und Veranstaltungen die Relevanz des Stadtmarketings auch durchaus widerspiegelt und in den letzten Jahren stetig aktualisiert wurde, blieb der Stand der Empirik zu dieser Thematik veraltet. Mit der aktuellen Stadtmarketing-Umfrage verfolgte die BCSD das Ziel, diesen Sach- und Datenstand zu aktualisieren und wissenschaftliche Erkenntnisse über die Ausgestaltung des Stadtmarketings in der Praxis zu erlangen. Anhand der gewonnenen Daten sollen sich auch City- und Stadtmarketingorganisationen, die selbst nicht an der Umfrage teilgenommen haben, einem Organisations-Benchmarkt zuordnen können. Die gewonnenen Erkenntnisse seien zudem als Grundlage für weitere wissenschaftliche Studien sowie zur Öffentlichkeits- und Lobbyarbeit anwendbar. (vgl. BCSD 2014, S.7 f.).

Die Umfrage wurde im Mai 2014 als Online-Umfrage durchgeführt und richtete sich an alle ordentlichen Mitglieder der BCSD (zu diesem Zeitpunkt: 254). Davon nahmen 138 Stadtmarketingorganisationen an der Befragung teil (Rücklaufquote: 55 Prozent). Anders als bei den beiden Difu-Studien, deren Stichprobe sich aus zufällig ausgewählten Städten deutschlandweit zusammensetzte, ist bei einer Umfrage, die sich nur an die BCSD-Mitglieder richtet, tendenziell davon auszugehen, dass sie über ein gewisses Know-How im Stadtmarketing verfügen. Die BCSD-Umfrage richtete sich außerdem direkt an Stadtmarketing-Verantwortliche. Bürgermeister, Lokalpolitiker, die Verwaltung allgemein oder weitere mögliche Akteure wurden im Gegensatz zu den Difu-Studien nicht berücksichtigt.

Eine Aussage über die absolute Anzahl an City- und Stadtmarketingprozessen in Deutschland konnte mit dem Design der BCSD-Umfrage nicht getroffen werden (vgl. ebd.).

3.2.1 Organisation und Struktur

Als Einstieg für die BCSD-Umfrage wurde ein Themenschwerpunkt des Stadtmarketings gewählt, der auch in der Literatur oft diskutiert wird: Die ideale Rechtsform für Stadtmarketingorganisationen. Die Auswertung zeigt, dass die Gesellschaft mit beschränkter Haftung (GmbH) die am häufigsten gewählte Form ist, vor allem in größeren Städten mit über 50.000 Einwohnern. Mit schrumpfender Stadtgröße nimmt dann die kommunale Zuständigkeit (Verwaltung) zu, sodass bei Städten mit weniger als 20.000 Einwohnern dies die am stärksten vertretende Organisationsform ist. Als Gesellschafter sind die Kommunen, den Ergebnissen zufolge, ebenfalls stark vertreten. Sie sind fast immer (direkt oder indirekt) an der GmbH beteiligt und in 27 Prozent der Fälle sogar alleiniger Gesellschafter. Auch der Verein (e.V.) ist mit ca. 28 Prozent eine verbreitete Rechtsform zur Organisation der Stadtmarketingaktivitäten. Die eingetragene Genossenschaft (eG) und der städtische Eigenbetrieb sind hingegen kaum vertreten (vgl. Abb. 8).

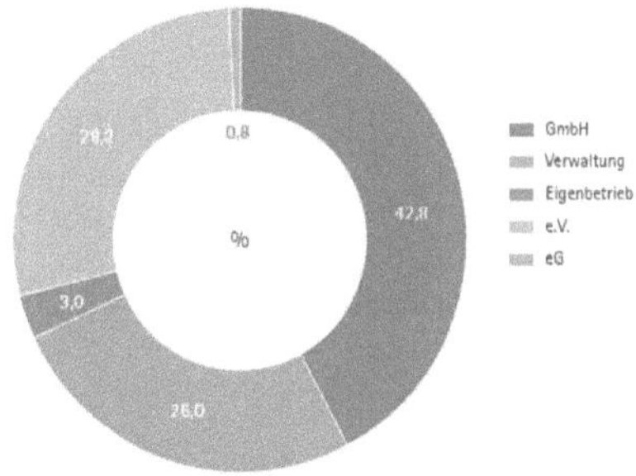

Quelle: vgl. bcd 2014, S. 8
Abb. 8: Rechtsformen

Dass die Trägerschaft des Stadtmarketings oft bei der Stadtverwaltung (26 Prozent) bleibt, hat mehrere Gründe. Insbesondere zu Beginn eines Stadtmarketingprozesses sind in der Stadtverwaltung eine funktionierende Infrastruktur und fachliches Know-How in relevanten Bereichen wie z.B. Stadtentwicklung, Planung, Wirtschaftsförderung vorhanden. Die Stadtverwaltung ist zudem in der Regel an der praktischen Umsetzung von Maßnahmen und Projekten beteiligt. Durch das Treffen von Entscheidungen innerhalb der Verwaltung bleiben die Informationswege kurz und der Organisationsaufwand geringer als bei anderen Rechtformen. Gleichzeitig wird dadurch jedoch auch die Öffentlichkeit ausgeschlossen, was dem Verständnis des Stadtmarketings als Produkt möglichst vieler Akteure per se widerspricht. Weitere Nachteile dieser Rechtsform sind die Abhängigkeit von kommunalen Haushalten und der Politik insgesamt sowie eine fehlende Marktorientierung (vgl. BCSD 2010, S. 11). Hingegen ist der Verein (ca. 28 Prozent) besonders geeignet, um möglichst viele Akteure zu erreichen und in den Stadtmarketingprozess mit einzubeziehen.

Zudem ist dies eine vergleichsweise kostengünstige Rechtsform, wodurch die Wahrscheinlichkeit zum Eintritt erhöht wird. Die geringe finanzielle Beteiligung birgt aber zugleich die Gefahr, dass kaum Erfolgsdruck vorhanden ist und wenig Maßnahmen und Projekte tatsächlich umgesetzt werden. Hinzu kommt, dass die Mitgliedschaft meist freiwillig und somit nebenberuflich erfolgt, wodurch das Gefühl von Belastung und Zeitdruck entstehen kann. Die GmbH (ca. 43 Prozent) vereint Aspekte der Wirtschaftlichkeit und Effizienz. Diese Rechtsform ist besonders geeignet für Städte, die in erste Linie Wirtschaftsförderung betreiben wollen. Damit ist jedoch ein höherer bürokratischer Aufwand und somit auch höhere Kosten verbunden (vgl. BCSD 2010, S. 12). Neben inhaltlichen Fragen, drehen sich die Konflikte im Stadtmarketing vor allem um steuer- und verwaltungsrechtliche Bestimmungen.

Die Ergebnisse der BCSD-Stadtmarketingumfrage und die genannten Vor-und Nachteile der einzelnen Rechtformen zeigen, dass es die „ideale" Organisationsform für Stadtmarketingaktivitäten offensichtlich nicht gibt. Die BCSD geht davon aus, dass somit auch kein Zusammenhang zwischen der Rechtsform und dem Erfolg der Stadtmarketingaktivitäten besteht. In der Praxis finden sich schließlich genügend Beispiele gelungener Stadtmarketingprozesse in allen erwähnten Organisationsformen. Die BCSD gibt deshalb in ihrer Auswertung der Ergebnisse auch keine Empfehlung zu diesem Themengebiet ab (vgl. BCSD 2014, S. 8).

In Bezug auf die Struktur der Stadtmarketingorganisationen wurde zunächst in 5er Schritten die Personalausstattung erhoben. Auszubildende und Geschäftsführer wurden dabei ebenfalls in die Belegschaft eingerechnet. Im Ergebnis wird deutlich, dass zwei Drittel der befragten Städte mit fünf oder sogar weniger Vollzeitstellen operieren.

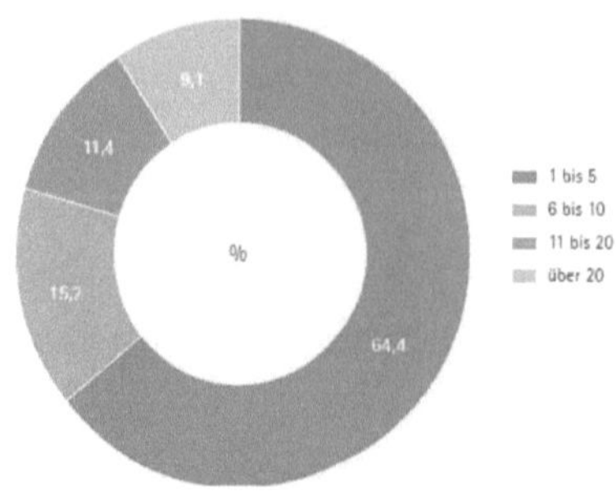

Quelle: vgl. bcsd 2014, S. 8

Abb. 9: Vollzeitbeschäftigte inkl. Geschäftsführung und Auszubildende

Mit wachsender Stadtgröße nimmt die Zahl der Angestellten zu. In Städten mit weniger als 20.000 Einwohnern sind in 83 Prozent der Fälle weniger als sechs Mitarbeiter vorhanden (vgl. Abb. 9).

Der Anteil, der Stadtmarketingorganisationen, die keine Auszubildenden beschäftigen (ca. 54 Prozent) und derer, die ausbilden (ca. 46 Prozent) ist nahezu ausgeglichen. Überwiegend handelt es sich hierbei um Veranstaltungskaufleute oder Kaufmänner und –frauen für Tourismus und Freizeit, in selteneren Fällen auch Bürokaufleute oder Verwaltungsfachkräfte. Es fällt auf, dass Studenten kaum vertreten sind.

Die BCSD geht davon aus, dass sie zukünftig jedoch als Zielgruppe für Stadtmarketingorganisationen an Bedeutung gewinnen werden. Denn diese Beschäftigungsform sei sowohl für den Arbeitgeber als auch für die Studenten als Berufseinstieg attraktiv (vgl. BCSD 2014, S. 9).

3.2.2 Aufgaben

Im nächsten Themenblock der BCSD-Umfrage wurden die Aufgabenbereiche des Stadtmarketings abgefragt. Dabei konnten die Organisationen ihre eigene Leistung zwischen federführender Rolle, beratender Beteiligung und gar keiner Beteiligung einstufen. Anschließend sollten die gleichen Aufgaben nach Wichtigkeit sortiert und angegeben werden, inwieweit das Stadtmarketing darin idealerweise involviert sein sollte.

Auf diese Weise lassen sich die Aufgaben in der Auswertung nach Wichtigkeit und gewünschter Zuständigkeit ordnen sowie Widersprüche zwischen Wünschen und Realität aufzeigen. (vgl. ebd.).

Abb. 10: Beteiligung an den Aufgabenbereichen, sortiert nach Federführung

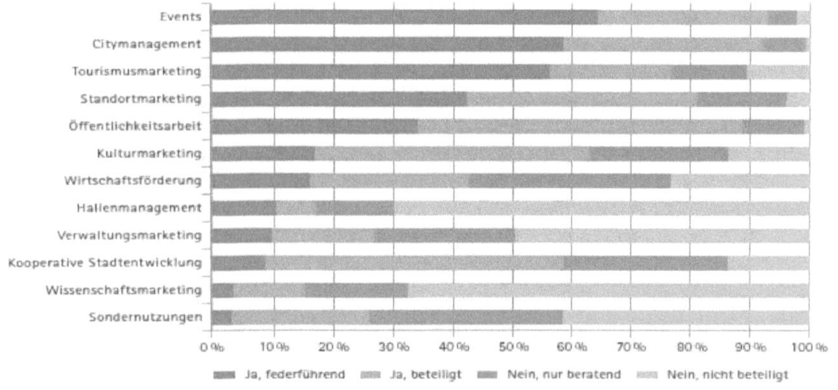

Quelle:
BCSD 2014, S. 9

Die Ergebnisse zeigen, dass Events, Citymanagement und Tourismusmarketing die größte Beteiligung (federführende Rolle) aufweisen und somit von den Stadtmarketingorganisationen als Kernkompetenzen eingestuft werden (vgl. Abb. 10). Die BCSD macht in diesem Zusammenhang darauf aufmerksam, dass dies auch die Aufgabenbereiche sind, aus denen das Stadtmarketing die größte Legitimation bezieht. Berücksichtigt man nun neben der Federführung auch die Beteiligung an den Aufgabenbereichen, spielen die Öffentlichkeitsarbeit und das Standortmarketing ebenfalls eine wichtige Rolle.

Da dieser Themenblock ebenfalls Inhalt der beiden Difu-Umfragen war, vergleicht die BCSD an dieser Stelle die Ergebnisse miteinander und stellt fest, dass nur leichte Verschiebungen zu erkennen sind. Sie sieht darin Kontinuität und Kompetenz der Arbeit in den Stadtmarketingorganisationen bestätigt. Aufgabenbereiche, die den Ergebnissen zufolge, weniger häufig federführend ausgeübt werden (z.B. Hallenmanagement) seien ein Indiz für die Heterogenität des Stadtmarketings. Arbeitsfelder, die in vielen Kommunen irrelevant sind, seien in manchen Städten wiederum für die Legitimation des Stadtmarketings entscheidend. (vgl. BCSD 2014, S. 11).

Bei Bewertung der Aufgabenbereiche nach ihrer Wichtigkeit zeigen die Ergebnisse, dass das Eventmanagement nur im Mittelfeld landet. Tourismusmarketing, Citymanagement und Standortmarketing liegen aber auch hier auf den vorderen Plätzen (vgl. Abb.11). Anzumerken ist an dieser Stelle, dass acht der insgesamt zwölf Aufgabenfelder von mehr als 50 Prozent der Stadtmarketingorganisationen als wichtig eingestuft werden. Hier zeige sich laut BCSD die Komplexität des Stadtmarketings. Die BCSD führt die Einstufung von Events als etwas „unwichtiger“ im Vergleich zu anderen Themenfeldern darauf zurück, dass hier nur eine punktuelle, kurzfristige Wirkung erzielt werde, welche sich in Anbetracht strenger Sicherheitsauflagen und steigender (GEMA-)Gebühren immer weniger lohne.

Abb. 11: Bewertung der Aufgaben nach Wichtigkeit

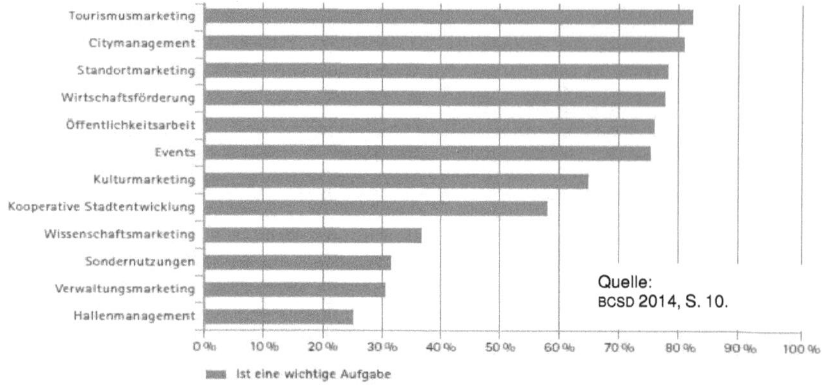

Quelle:
BCSD 2014, S. 10.

Bei der Frage, welche Rolle das Stadtmarketing in den vorgegebenen Bereichen spielen sollte, belegen Citymanagement, Stadtmarketing und Standortmarketing erneut die ersten Plätze. Insgesamt wird aber auch deutlich, dass die Stadtmarketingorganisationen gern in fast allen abgefragten Bereichen mehr Verantwortung hätten.

Hervorzuheben ist an dieser Stelle das Kultur- und Wissenschaftsmarketing, das für das Image der Städte verstärkt eine Rolle spielt und eng mit dem Standortmarketing verbunden ist. Lediglich im Bereich des Eventsmanagements wünschen sich die Stadtmarketingorganisationen keine größere Beteiligung, was vermutlich auf den bereits erwähnten hohen Aufwand zurückzuführen ist, der damit verbunden ist. Schlecht laufende Veranstaltungen bergen die Gefahr, die Stabilität und Legitimation des Stadtmarketingprozesses zu gefährden, während die langfristige Erfolgsbilanz beliebter Veranstaltungen erfahrungsgemäß eher als gering zu bewerten ist.

3.2.3 Ziele und Zielgruppen

Während in der Difu-Umfrage von 2004 „Stadt attraktiver machen“ und „Handel fördern“ als wichtigste Ziele genannt wurden, zeigen die Ergebnisse der BCSD-Stadtmarketingumfrage, dass nun „Identifikation stärken“; „Kooperation/Vernetzung lokaler Akteure voran treiben“ sowie „Stadtmarke entwickeln und vermarkten“ die drei oberen Plätze belegen (vgl. Abb.12). Die Ziele „Stärkung des Einzelhandels“ sowie „Lebensqualität vor Ort steigern“ werden von ca. 80 Prozent der Befragten als „sehr wichtig“ bzw. „eher wichtig“ eingestuft. Zusammenfassend können diese Teildisziplinen somit als Kernziele des Stadtmarketings bewertet werden. Ähnlich wie bei den Aufgaben des Stadtmarketings, zeigt die Auswertung dieses Themenblocks erneut, dass 13 von insgesamt 15 Zielen von mehr als der Hälfte der Befragten als wichtig („sehr wichtig“ bzw. „eher wichtig“) eingestuft werden. Lediglich die Ziele „moderne, bürgerfreundliche Verwaltung unterstützen“ und „Bürgerbeteiligung moderieren“ werden von mehr als 50 Prozent der Befragten als unwichtiger („eher nicht wichtig“ bzw. „gar nicht wichtig“) bewertet (vgl. BCSD 2014, S.12).

Dass die Mehrheit der Städte mit ihren Zielen ein breites Themenspektrum abdecken möchte, zeigte sich auch in der Auswertung der Difu-Umfrage 2004. Es fällt auf, dass sowohl in der Difu-Umfrage, als auch in der BCSD-Umfrage überwiegend Ziele benannt werden, die zur Steigerung der Attraktivität der Stadt beitragen und stark umsetzungsorientiert sind. Aspekte, die wiederum für den kooperativen Ansatz des umfassenden Stadtmarketings charakteristisch sind wie z.B. „Bürgerbeteiligung moderieren“ haben im Vergleich eine eher untergeordnete Priorität für viele Stadtmarketingorganisationen.

Dies zeigte sich ebenfalls in der Difu-Umfrage 2004, in der zentrale Elemente des umfassenden Stadtmarketings wie „Stadtstärken und –schwächen ermitteln“ oder „Verwaltung modernisieren“ von weniger als fünf Prozent der Befragten als wichtig bewertet wurden (vgl. GRABOW/HOLLBACH-GRÖMIG 2006, S. 35 f.).

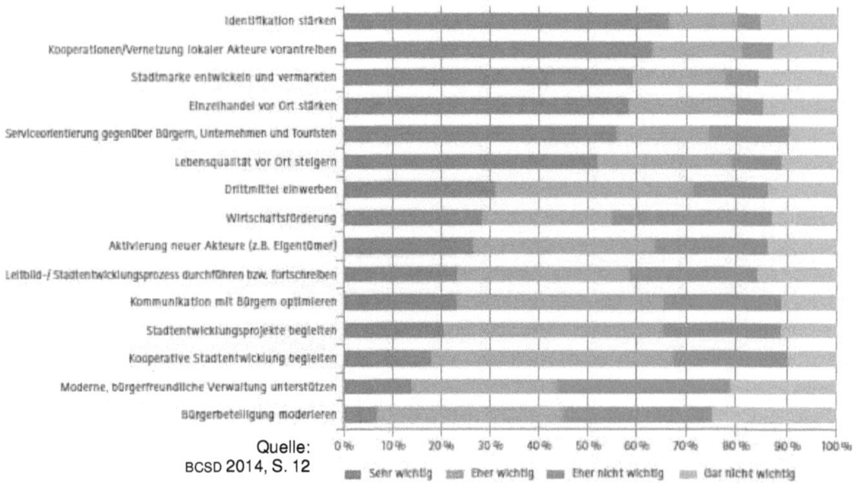

Quelle:
BCSD 2014, S. 12

Abb. 12: Bewertung der Ziele nach höchster Wichtigkeit

Als Zielgruppen werden von fast allen Stadtmarketingorganisationen Bürger sowie Gäste (Besucher aus dem Umland; Touristen/Gäste) genannt. Die Zielgruppe der innerstädtischen Einzelhändler (Händler/Inhaber vor Ort) sowie andere Stakeholder aus dem Wirtschaftssektor (Kunden der Händler; Hotellerie; Gastronomie etc.) erzielen in der Auswertung ebenfalls über 90 Prozent.

Aber auch alle anderen zur Auswahl stehenden Zielgruppen lassen sich den Ergebnissen zufolge mit Nennungen über 80 Prozent bzw. 70 Prozent als Kernzielgruppen bezeichnen (vgl. Abb. 13).

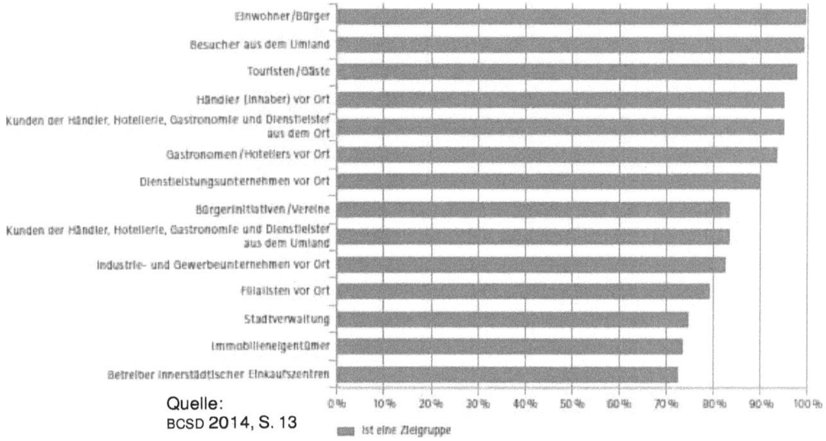

Quelle:
BCSD 2014, S. 13

Abb. 13: Zielgruppen

3.2.4 Akteure

Bei der Frage nach den Akteuren wählte die BCSD eine Unterteilung in „Beteiligung an der Finanzierung"; „Beteiligung an der Erarbeitung" sowie „Beteiligung an der Umsetzung" des Stadtmarketings. Auf diese Weise könne ein besserer Überblick gewährleistet werden, welche Akteure in welchen Bereichen wichtig sind. Die Auswertung zeigt, dass bei der Finanzierung die Stadtverwaltung, die Kommunalpolitik und der (inhabergeführte) Einzelhandel die größte Rolle spielen. Wenig überraschend ist es somit, dass die gleichen Akteure auch am stärksten in die Erarbeitung und Umsetzung der Stadtmarketingkonzepte involviert sind. Bei der Umsetzung der Konzepte spielen außerdem Vereine, der filialisierte Einzelhandel, Kirchen, Bürgerinitiativen und Kammern verstärkt eine Rolle. An der Finanzierung sind sie hingegen kaum beteiligt (vgl. Abb.14).

Die BCSD empfiehlt, den filialisierten Einzelhandel, Betreiber innerstädtischer Einkaufszentren sowie Immobilieneigentümer zu motivieren, sich insbesondere bei der Finanzierung des Stadtmarketings stärker einzubringen. Konzepte wie die Business Improvement Districts (BIDs) seien ein gutes Beispiel dafür, wie eine solche Zusammenarbeit aussehen könnte.

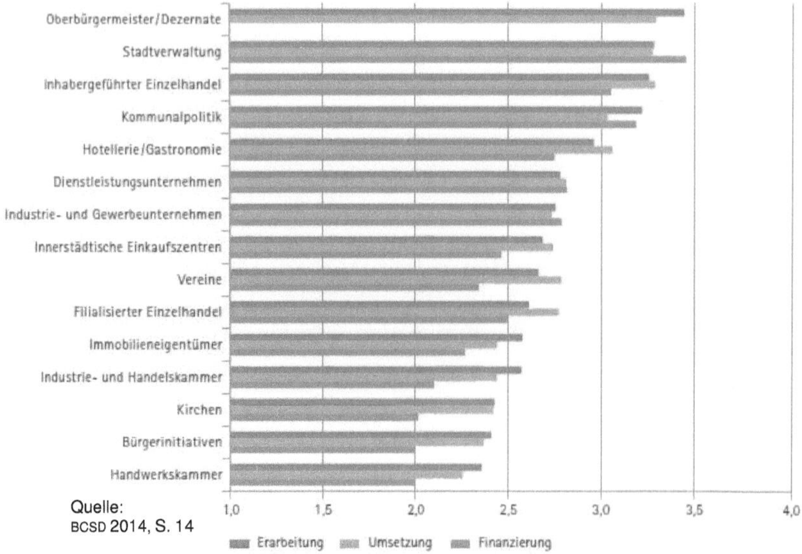

Quelle: BCSD 2014, S. 14

Abb. 14: Beteiligung an der Erarbeitung, Umsetzung und Finanzierung des Stadtmarketings

3.2.5 Probleme und Erfolge

Die Finanzierung spielt auch bei der Abfrage nach den Problemen des Stadtmarketings eine zentrale Rolle. Die begrenzten finanziellen Mittel werden mit Abstand am häufigsten genannt. Mehr als der Hälfte der teilnehmenden Stadtmarketingorganisationen bemängeln außerdem das zu geringe Zeitfenster für die Umsetzung der Ziele, die unterschiedliche Interpretation von Stadtmarketing bei den Akteuren sowie die überzogenen Erwartungen an das Instrument des Stadtmarketings. Als unproblematisch sind der Auswertung zufolge die Punkte „Rat ist zu wenig involviert", „Aufgabenspektrum ist zu eng gefasst" sowie „fehlende Kontinuität" anzusehen (vgl. Abb.15). In der Difu-Umfrage 2004 belegte das Problem der unterschiedlichen Interpretation von Stadtmarketing den ersten Platz. Die BCSD sieht die Ergebnisse ihrer aktuellen Umfrage als Indiz dafür, dass die Heterogenität des Begriffes abgenommen und sich mittlerweile eine überwiegend homogene Definition des Stadtmarketings etabliert hat.

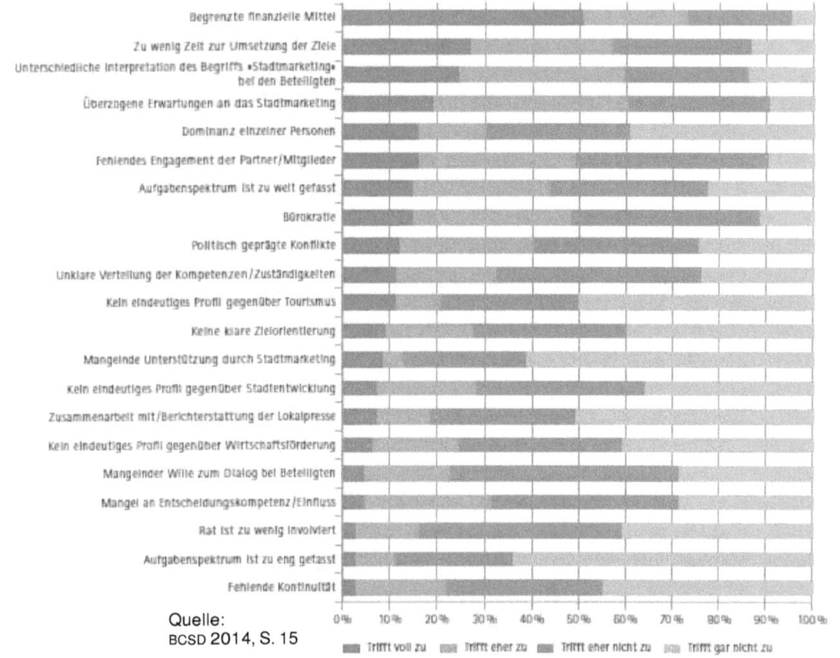

Quelle:
BCSD 2014, S. 15

Abb. 15: Einschätzung der eigenen Probleme

Die BCSD sieht diese These durch die Ergebnisse des letzten Themenblocks der Umfrage „Erfolge des Stadtmarketings" bestärkt. Denn die „Verstetigung der Prozesse" wird hier am häufigsten genannt. Ähnliche Werte erzielen die Punkte „Entwicklung umsetzbarer Maßnahmen"; „konstruktive Arbeit in Projektgruppen"; „Kommunikation/Koordination zwischen Akteursgruppen gefördert"; „positive Rückmeldungen/Erfahrungen"; „positive Entwicklung des Tourismus" sowie „Verbesserung der Atmosphäre in der Stadt" (vgl. Abb.16). Die BCSD führt diese Einschätzung der Teilnehmer darauf zurück, dass die Erfolge selten dem Stadtmarketing allein zuzuschreiben sind, sondern sich stets aus der Zusammenarbeit mit z.B. Partnern oder Sponsoren ergeben. Die Aspekte „Multifunktionalität der Innenstadt gefördert"; „Erwartungen anderer Akteure erfüllt" und „Innovations- und Handlungsfähigkeit der Stadt gesteigert" wurden verhältnismäßig selten als Erfolge bewertet, verzeichnen aber trotzdem Werte nahe der 50 Prozent-Marke.

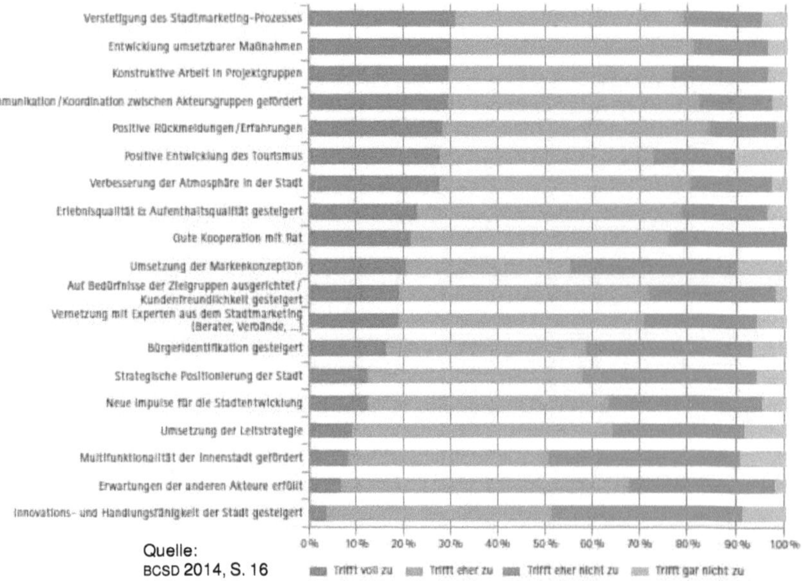

Quelle:
BCSD 2014, S. 16

Abb. 16: Einschätzung des eigenen Erfolgs

Abschließend wurden die Stadtmarketingorganisationen dazu aufgefordert, den Stellenwert des Stadtmarketings in ihrer Stadt einzuschätzen. Die Mehrheit bewertet diesen mit hoch (ca. 25 Prozent) und eher hoch (ca. 54 Prozent). Auch in Bezug auf die Entwicklung des Stellenwertes stufen ca. 81 Prozent diese als zunehmend ein, wobei allerdings vier von fünf Stadtmarketingorganisationen meinen, dass diese Entwicklung trotzdem noch nicht abgeschlossen sei (vgl. BCSD 2014, S. 17).

3.3 Zusammenfassung

Die BCSD sieht die Ergebnisse ihrer Stadtmarketingumfrage als Bestätigung für die gewonnen Stabilität der Stadtmarketingprozesse in Deutschland. Stadtmarketing habe sich im Laufe der letzten 20 Jahre zunehmend etabliert und sei mittlerweile ein weitestgehend anerkanntes Instrument für die Entwicklung lebenswerter Städte. Vor allem der Bedeutungszuwachs des Standortmarketings zeige, dass ein Großteil der Städte erkannt habe, dass es angesichts des strukturellen Wandels (Fachkräfteengpässe, demographischer Wandel) nicht mehr ausreiche, sich auf Arbeitsplätze als Anziehungspunkt für neue Bürger zu verlassen.

Sei die in diesem Zusammenhang zentrale T-These (Technology, Talent, Tolerance, Territorial Assets) des Standortmarketings Anfang der 00er Jahre noch stark diskutiert worden, wird sie heute als Grundlage für eine ansprechende Lebensqualität in deutschen Städten angesehen. Die Netzwerkarbeit als zentraler Bestandteil und die damit verbundene notwendige Kommunikationsfähigkeit, machen das Stadtmarketing zu einem geeigneten Instrument, um mehrere Teildisziplinen der Stadtentwicklung miteinander zu vereinen. Die BCSD verweist in ihrem Fazit der Umfrage auf qualitative Erfahrungen in ihrer Arbeit als Verband. Dort sei in den letzten Jahren durch beispielsweise wachsende Mitgliederzahlen und verstärkte Nachfrage der angebotenen Formate ebenfalls eine Zunahme des Stellenwerts des Stadtmarketings zu beobachten gewesen. Sie gibt sich zuversichtlich, dass auch die nachfolgenden Generationen an kommunalen Entscheidungsträgern die Möglichkeiten dieses Instruments für ihre Stadt erkennen und nutzen werden. Gleichzeitig warnt die BCSD aber auch davor, das Stadtmarketing aufgrund seiner Interdisziplinarität nicht zum „Spielball" lokaler Auseinandersetzungen werden zu lassen. Auch Events sowie Innenstadthandel seien kritische Themen, die zukünftig eine Herausforderung darstellen werden. Die BCSD fordert die Stadtmarketingorganisationen in diesem Zusammenhang auf, eventorientiertes Marketing in dauerhafte, auf Service-, Aufenthalts- und Erlebnisqualität setzende Ansätze zu überführen. Ebenso müsse die zunehmende Digitalisierung der Kommunikations- und Vertriebskanäle noch stärker berücksichtigt werden. Diese spiele aufgrund des Online-Handels auch in Bezug auf die Innenstädte eine Rolle. Hier sei es zunehmend wichtig, das Citymarketing dieser Entwicklung anzupassen. Dazu seien beispielsweise Kombinationsangebote geeignet, die „das Beste aus der virtuellen Welt mit der realen Welt verbinden" und somit die Aufenthalts- und Erlebnisqualität der Innenstädte hervorheben (vgl. BCSD 2014, S. 18 f.). Insgesamt zieht die BCSD aus ihrer Umfrage ein überwiegend positives Resümee und ist auch für die zukünftige Entwicklung optimistisch. Trotzdem merkt auch die BCSD an, dass die Entwicklung des Stadtmarketings nicht als abgeschlossen bezeichnet werden kann. Die Planung einer Folgeumfrage wird jedoch nicht erwähnt.

IV Analyse

4.1 Kritik der BCSD-Umfrage

Nachdem die zentralen Ergebnisse der BCSD-Umfrage erläutert und an einigen Punkten bereits der Difu-Umfrage 2004 gegenüber gestellt wurden, soll nun eine kritische Bewertung der BCSD-Umfrage vorgenommen werden. Durch das unterschiedliche Befragungsdesign und die Zusammensetzung der Stichprobe lassen sich die beiden Umfragen und ihre Ergebnisse nicht eins zu eins miteinander vergleichen.

Es wird trotzdem im weiteren Verlauf dieses Kapitels Bezug auf die Difu-Umfrage genommen, um die Kritikpunkte der BCSD-Umfrage deutlich zu machen.

Die Stichprobe der Difu-Umfrage setzte sich zum einen aus Städten mit mehr als 50 000 Einwohnern und zum anderen aus Kommunen zwischen 10 000 und 50 000 Einwohnern zusammen und ist somit deutlich heterogener als die der BCSD-Umfrage. Diese richtete sich direkt an die Stadtmarketing-Verantwortlichen der ordentlichen Mitglieder der BCSD und schließt somit jene Städte aus, die Stadtmarketing (noch) nicht auf eine derart professionelle Art und Weise betreiben, dass sie einem Berufsverband beitreten. Die BCSD merkt selbst an, dass dieser Aspekt bei der Interpretation der Ergebnisse berücksichtigt werden müsse und dass eine Vergleichsumfrage z.B. bei Bürgermeistern, Verwaltungsspitzen oder Lokalpolitikern als Folgeuntersuchung in Frage komme.

4.1.1 Ziele und Zieldimensionen

Bezüglich des Befragungsdesigns weisen die Difu- und die BCSD-Umfrage bei der Abfrage nach den Zielen einige Parallelen auf. Zwar ist die Palette der zur Auswahl stehenden Ziele nicht komplett identisch, die einzelnen Punkte beschreiben aber oft das gleiche Ziel, nur mit anderen Worten. So steht beispielsweise bei der Difu-Umfrage das Ziel „Bürger besser informieren" zur Auswahl, während bei der BCSD-Umfrage das Ziel „Kommunikation mit Bürgern optimieren" bewertet werden kann. Bei der BCSD-Umfrage ist die Auswertung dieser Frage mit der Darstellung der Ergebnisse (vgl. Punkt 3.2.3) abgeschlossen. Es lässt sich auf einen Blick erkennen, welche Ziele die höchste Priorität haben. Gleichzeitig wird aber auch deutlich, dass die Stadtmarketingorganisationen im Grunde fast alle zur Auswahl stehenden Ziele als wichtig bewerten. Somit bleibt die Frage ungeklärt, welcher Mehrwert sich nun aus den Ergebnissen ziehen lässt.

Es ist davon auszugehen, dass kaum eine Stadtmarketingorganisation die abgefragten Einzelziele differenziert voneinander betrachtet. Die Bewertung der Ziele spiegelt viel mehr die Ausrichtung des Stadtmarketings (eher umsetzungsorientiert/stark kooperativ etc.) wider. In der Realität zeigt sich häufig auch, dass aufgrund begrenzter Ressourcen, eine Bündelung der Ziele stattfindet. Das Difu reduzierte das breite Zielspektrum deshalb in ihrer Umfrage 2004 mittels statistischer Verfahren (Faktorenanalyse[3]) auf die „hinter" den Bewertungen stehenden Zieldimensionen. Die 18 abgefragten Ziele der Difu-Umfrage wurden zu insgesamt sechs Zieldimensionen komprimiert (vgl. Abb. 17).

[3] Mithilfe der Faktorenanalyse kann aus den Beobachtungen vieler manifester Variablen auf wenige zugrunde liegende latente Variablen (Faktoren) geschlossen werden (vgl. KLOPP o.J.).

Auf diese Weise wird einerseits größere Klarheit im Hinblick auf Zielbündelungen verschafft, andererseits können die Zieldimensionen dabei helfen, Zusammenhänge zwischen Zielen und Aktivitäten oder Organisationsformen zu analysieren (vgl. GRABOW/HOLLBACH-GRÖMIG 2006, S. 35 ff).

Abb. 17: Zieldimensionen und Einzelziele der Difu-Umfrage 2004

Zieldimension	Einzelziele
Wirtschaftsförderung	• Ansiedlung neuer Betriebe • Quartiers- und bestandsbezogene Wirtschaftsförderung • Verwaltung modernisieren • Leistungen mit dem Ziel der Kostendeckung vermarkten
Kundenorientiertes Leitbild	• Leitbild für die Stadt entwickeln • Bürger und Wirtschaft als Kunden verstehen • Stärken und Schwächen der Stadt ermitteln
Kooperation mit Privaten	• private Akteure einbeziehen • Umsetzung von Maßnahmen unter Einbeziehung unterschiedlicher Interessen • Kooperation und Kommunikation öffentlicher & privater Akteure fördern • Unternehmen und Bürger an Finanzierung von Maßnahmen beteiligen
Strategie und Information	• Entwicklung der Stadt strategisch ausrichten • Bürger besser über die Stadt informieren
Innenstadt stärken	• Stadt attraktiver machen • Handel in der Innenstadt fördern • Stadtentwicklungsprojekte entwickeln und umsetzen
Stadt bewerben und profilieren	• Für die Stadt werben • Stadt im Städtewettbewerb positionieren

Quelle:
Eigene Darstellung nach GRABOW/HOLLBACH-GRÖMIG 2006, S. 37.

Das Difu unterscheidet in seiner Auswertung außerdem zwischen unmittelbaren und mittelbaren Zielen. Unmittelbare Ziele werden dabei definiert als „direkt der Verbesserung des Lebens- und Wirtschaftumfeldes" dienlich. Mittelbare Ziele setzen laut Difu an den Rahmenbedingungen an und weisen eher den Charakter eines Instruments auf.

Die Ergebnisse der Difu-Umfrage zeigten, dass unmittelbare Ziele überwiegend mit einer höheren Priorität bewertet wurden als mittelbare Ziele. Gleichzeitig weist das Difu in seiner Auswertung aber darauf hin, dass die Ziele nur begrenzt etwas darüber aussagen, welche Maßnahmen und Projekte die Stadtmarketingorganisationen auch tatsächlich umsetzen (vgl. ebd.).

4.1.2 Aufgaben, Maßnahmen und Maßnahmenbündel

Die Abfrage der BCSD nach den Aufgaben des Stadtmarketings geht in eine ähnliche Richtung wie die Frage des Difu nach den Maßnahmen. Hier unterscheidet sich das Befragungsdesign jedoch stärker voneinander. Bei der BCSD-Umfrage konnten die Organisationen ihren eigenen Beitrag zu den jeweiligen Aufgaben zwischen federführender Rolle, beratender Beteiligung und gar keiner Beteiligung einstufen. Anschließend sollten die gleichen Aufgaben nach Wichtigkeit sortiert und angegeben werden, inwieweit das Stadtmarketing darin idealerweise involviert sein sollte (vgl. Punkt 3.2.2). Ziel dabei war es, die Aufgaben anschließend nach Wichtigkeit und gewünschter Zuständigkeit ordnen zu können sowie Widersprüche zwischen Wünschen und Realität aufzeigen. Damit geht die BCSD bei der Auswertung dieses Fragenblocks zwar weiter als bei den Zielen, trotzdem zeigt ein Blick auf die Difu-Umfrage auch hier, dass eine tiefer gehende Analyse möglich gewesen wäre.

Das Difu fragte bewusst zwei Arten von Aktivitäten ab: Übergreifende Aktivitäten und konkrete Maßnahmen im Rahmen definierter kommunaler Handlungsfelder. Übergreifende Maßnahmen definieren sich dadurch, dass sie im, aber auch außerhalb des Stadtmarketings realisiert werden können. Sie prägen den jeweiligen Stadtmarketingansatz und spielen somit auch eine entscheidende Rolle für den „Typ" von Stadtmarketing. Beispiele für übergreifende Maßnahmen sind die Entwicklung eines Leitbilds oder eine Stärken-Schwächen-Analyse (vgl. Punkt 2.2). Die konkreten Maßnahmen im Rahmen definierter kommunaler Handlungsfelder fasst das Difu in der Auswertung ebenfalls zu sogenannten Maßnahmenbündeln zusammen (vgl. GRABOW/HOLLBACH-GRÖMIG 2006, S. 39 ff).

Abb. 18: Maßnahmenbündel und konkrete Maßnahmen der Difu-Umfrage 2004

Maßnahmenbündel	Konkrete Maßnahmen
Tourismus und Events	• Tourismus: Angebotsentwicklung • Tourismus: Information, Werbung, Angebotsvermarktung • Gastronomie und Hotellerie • Entwicklung und Durchführung von Märkten, Messen, Veranstaltungen
Attraktivitätssteigerung Innenstadt	• Verkehrsentwicklung, Parken • Sicherheit, Sauberkeit
Innenstadtentwicklung	• Stadtgestaltung, Städtebau • Innenstadtentwicklung, • Einzelhandelsentwicklung
Wirtschaftsförderung	• Ansiedlungsförderung inklusive Flächenvermarktung • Bestandspflege, Förderung der lokalen Ökonomie
Bewirtschaftung	• Bewirtschaftung von Flächen und Gebäuden • Bewirtschaftung des öffentlichen Raums
Bürgerinformation	• Bürgerinformation • Kommunales Portal im Internet

Quelle:
Eigene Darstellung nach GRABOW/HOLLBACH-GRÖMIG 2006, S. 40.

Mit diesen sechs Maßnahmenbündeln lässt sich laut Difu die Spannweite der abgefragten Maßnahmen zu 73 Prozent abdecken. Das heißt, dass anstelle der ursprünglich 16 abgefragten Maßnahmen auch die sechs Maßnahmenbündel hätten abgefragt werden können, ohne dabei eine großen Informationsverlust zu riskieren. Hier wird erneut deutlich, dass die von vielen Stadtmarketingorganisationen angestrebte Vielzahl von Aktivitäten genauso wenig notwendig ist wie ein breites Zielspektrum. Zudem zeigt die Auswertung des Difu, dass in vielen Fällen die Aktivitäten und Ziele nicht zwangsläufig zueinander passen. Städte, die beispielsweise die Zieldimension „Stadt bewerben“ als wichtig bewerten, setzen zwar überwiegend ein Werbekonzept um, allerdings meist ohne davor eine Stärken-Schwächen-Analyse durchzuführen.

Diese bildet aber einen essentiellen Teil der Grundlage eines tragfähigen Werbekonzepts. Das Difu sieht vor allem die meist zu allgemeine Zielformulierung sowie ein fehlendes Projektcontrolling als Gründe für dieses Ergebnis (vgl. ebd.).

4.1.3 Erfolge und Erfolgsdimensionen

Sowohl in der Difu-als auch bei der BCSD-Umfrage sollen bei der Selbsteinschätzung des Erfolgs des Stadtmarketings verschiedene Erfolgskriterien bewertet werden. Auch hier beschränkt sich die BCSD in ihrer Auswertung darauf, die Ergebnisse der insgesamt 18 abgefragten Kriterien darzustellen. Es wird lediglich darauf hingewiesen, dass die Erfolge aufgrund des kooperativen Charakters dieses Instruments nicht allein dem Stadtmarketing zuzuschreiben sind.

Eine weitere Interpretation und Analyse der Ergebnisse findet nicht statt (vgl. Punkt 3.2.5). Dabei ist bei Eigenwahrnehmung der Befragten immer weitere Bearbeitung der Daten nötig, um die Ergebnisse auf ihre Validität zu überprüfen.

Das Difu zieht seine Schlussfolgerungen aus der Selbsteinschätzung der Befragten deshalb nicht aus den einzelnen Erfolgskriterien, sondern aus Vergleichsdarstellungen (z.B. Vergleich der Einschätzung der Erfolgsaspekte untereinander; Vergleich von Gruppen etc.). Auf diese Weise wird eine Normalverteilung der Antworten überprüft (z.B. keine ausschließlich positive Selbsteinschätzung). Wie die Ziele und Maßnahmen, fasst das Difu außerdem die 15 verschiedenen Erfolgskriterien zu insgesamt drei Erfolgsdimensionen zusammen. Die Spannweite der abgefragten Erfolgskriterien lässt sich mit dieser Methode zu 60 Prozent abdecken. Die Erfolgsdimensionen stehen dabei in enger Beziehung zueinander (vgl. GRABOW/HOLLBACH-GRÖMIG 2006, S. 43 ff).

Abb. 19: Erfolgsdimensionen und Erfolgskriterien der Difu-Umfrage 2004

Erfolgsdimensionen	Erfolgskriterien
Etablierung durch Umsetzungserfolge (Stadt hat vor allem über die Umsetzung „guter" Projekte positive Erfahrungen gemacht)	• Stadtmarketing wird in der Kommune auf Dauer weiterlaufen • für die Stadt wichtige Maßnahmen werden durchgeführt • Erfahrungen mit Stadtmarketing insgesamt positiv und gewinnbringend • Entwicklung realisierbarer Maßnahmen • Stadt ist durch Stadtmarketing besser auf Kunden- und Zielgruppenbedürfnisse ausgerichtet
Nutzen durch Kooperation (Kommunikation und Kooperation als zentrale Elemente)	• Projektgruppen arbeiten konstruktiv • Wirtschaft/Bürger konnten für Stadtmarketing motiviert werden • Verwaltung hat neue Ideen für die Stadtentwicklung erhalten • Kommunikation zwischen Gruppen wurde/wird gefördert • Kooperation mit Rat verlief/verläuft positiv • Zusammenarbeit mit externen Beratern war/ist erfolgreich • Erwartungen zu Beginn wurden erfüllt
Verbesserung der strategischen Ausrichtung (Stadt schreibt Großteil des Erfolgs der besseren Ausrichtung auf Zielgruppen- und Kundenbedürfnisse zu)	• Innovationsfähigkeit/Handlungsfähigkeit der Stadt hat sich insgesamt verbessert • strategische Ausrichtung der Stadtentwicklung wurde verbessert • Stadt ist besser auf Zielgruppen- und Kundenbedürfnisse ausgerichtet • Klima in der Stadt hat sich verbessert

Quelle:
Eigene Darstellung nach GRABOW/HOLLBACH-GRÖMIG 2006, S. 45.

Das Difu untersuchte außerdem den Zusammenhang zwischen Maßnahmen und Erfolgen sowie zwischen Erfolgen und Problemen. Dabei zeigten sich vor allem zwischen den Aktivitäten und den Erfolgen deutliche Zusammenhänge:

Je mehr Maßnahmen entwickelt wurden, desto positiver schätzen die befragten Städte das Stadtmarketing ein. Einige Aktivitätsfelder wurden in der Selbsteinschätzung besonders stark mit dem Erfolg des Stadtmarketings insgesamt in Verbindung gebracht. Dazu zählten beispielsweise die Erarbeitung eines Werbekonzepts oder Aktivitäten zur Attraktivitätssteigerung der Innenstadt. Zudem prüfte das Difu, ob Projekte im Durchschnitt als erfolgreicher bewertet werden, wenn sich Maßnahmen und Ziele entsprechen. Dies konnte nicht bestätigt werden. Das Difu merkt in diesem Zusammenhang an, dass auch in der Praxis Projekte ohne direkten Zielbezug zu finden seien, die durchaus Umsetzungserfolge erzielen. Trotzdem sei dieses Ergebnis nicht als Aufforderung für ein konzept- und zielloses Handeln zu verstehen. Die Orientierung der Maßnahmen an einem Leitbild sei z.B. in vielen Fällen hilfreich. Bei Erfolgen und Problemen konnte das Difu wiederum keinen Zusammenhang feststellen. Deutlich wird dies am Beispiel des in der Difu-Umfrage 2004 meist genannten Problems „unterschiedliches Verständnis der Akteure von Stadtmarketing". Bestände ein Zusammenhäng zwischen der Einschätzung des Erfolgs und Problemen, so müsste der Erfolg geringer eingeschätzt werden, desto intensiver das Problem wahrgenommen würde. Die Difu-Umfrage zeigt jedoch, dass die Problemwahrnehmung gleichmäßig verteilt ist. Die Selbsteinschätzung kann demnach durchaus positiv sein, auch, wenn das Problem der Verständnisschwierigkeiten als hoch eingestuft wird (vgl. GRABOW/HOLLBACH-GRÖMIG 2006, S. 46 ff).

Anhand der Ergebnisse der Umfrage 2004 überprüfte das Difu außerdem die etablierten „Erfolgsfaktoren" des Stadtmarketings:

- aktive und dauerhafte Unterstützung durch Stadtspitze/Politik
- Leitfiguren/Persönlichkeiten
- Projektorientierung
- Prozessmonitoring und Erfolgskontrollen
- Bürgerbeteiligung
- Zeit
- klare Definition der Ziele und Inhalte
- strategische Gesamtausrichtung
- Finanzierung
- externe Berater

Die Relevanz dieser Erfolgsfaktoren konnte bestätigt werden. Das Difu betont an dieser Stelle abermals die Notwendigkeit eines Gesamtkonzeptes, das idealerweise die genannten Faktoren berücksichtigt, „Leitplanken" im Hinblick auf Ziele und Maßnahmen setzt, Arbeitsteilung, organisatorische Zuständigkeiten, Kapazitäten und Zeithorizonte festlegt.

All diese Aspekte finden sich im umfassenden Stadtmarketing vereint, weshalb es nicht verwunderlich ist, dass das Difu diesen Typ des Stadtmarketings auch nach Auswertung der Umfrage 2004 als nach wie vor empfehlenswerte Variante einstuft. Trotzdem gebe es natürlich auch eine Reihe stadtspezifischer Faktoren, die sich allein aus der Kenntnis der Verhältnisse vor Ort identifizieren lassen und die nur in diesem spezifischen Zusammenhang ihre Bedeutung für ein erfolgsreiches Stadtmarketing erlangen (vgl. GRABOW/HOLLBACH-GRÖMIG 2006, S. 48 f.).

V Fazit und Ausblick

Die dargestellten Auswertungsergebnisse der Difu-Umfrage zeigen nur einen Ausschnitt dessen, was die erhobenen Daten hergaben. Das Difu veröffentlichte zu beiden Umfragen 1995 und 2004 einen Sammelband aus Beiträgen, die sich aufbauend auf den empirischen Befunden mit der Thematik des Stadtmarketings aus verschiedenen Perspektiven befassen. In der vorliegenden Arbeit sollte die Darstellung ausgewählter Ergebnisse der Difu-Umfrage 2004 verdeutlichen, wie viel Potenzial für eine tiefergehende Interpretation und Analyse in der BCSD-Umfrage 2014 gesteckt hätte. Zwar sind die finanziellen Mittel der BCSD nicht mit denen des Difu vergleichbar, trotzdem ist aber davon auszugehen, dass die BCSD eine ähnliche Auswertung der Ergebnisse hätte vornehmen können. Die BCSD wirkte bereits an beiden Studien des Difu mit und beschäftigt sich kontinuierlich mit der Entwicklung des Stadtmarketings. Das nötige Know-How ist vorhanden. Trotzdem bleibt die Auswertung der eigenen Umfrage ohne Mitwirkung des Difu an vielen Stellen oberflächlich und schöpft nicht das Potenzial der statistischen Analyse aus. Nach eigenen Angaben verfolgte die BCSD mit der Umfrage 2014 das Ziel, den Sach- und Datenstand im Stadtmarketing zu aktualisieren und zu überprüfen, in welchem Umfang sich die Aufgabenverteilung, der Organisationsgrad und die Bedeutung des Stadtmarketings verändert haben (vgl. BCSD 2014, S. 7). Allein dies wurde anhand der Umfrage erreicht. Es bleibt jedoch fraglich, weshalb seitens der BCSD kein weiteres Erkenntnisinteresse angestrebt wurde.

Insbesondere vor dem Hintergrund, dass die BCSD regelmäßig Positionspapiere zu verschiedenen Themen der Stadtentwicklung und auch zum Stadtmarketing veröffentlicht, verwundert dies, da die gewonnenen Ergebnisse für eben diese Positionspapiere hätten genutzt werden können. Die Beantwortung dieser Frage kann nur hypothetisch erfolgen. Möglicherweise war eine tiefergehende Analyse der Ergebnisse gar nicht erwünscht. Das Difu verfolgte mit der Auswertung ihrer beiden Umfragen in erster Linie das Ziel, daraus die dargestellten Typen von Stadtmarketing abzuleiten.

Immer wieder wird auf das umfassende Stadtmarketing als empfehlenswerteste Variante hingewiesen, obgleich einige Praxisbeispiele als auch die Ergebnisse der Umfragen in ihrer Tendenz eher dagegen sprechen. Im Sammelband zur Difu-Umfrage 2004 wird unter dem Punkt „Perspektiven“ sogar von einer Zunahme der Städte mit einem umfassenden Stadtmarketingansatz ausgegangen. Als Grund dafür benennt das Difu insbesondere den steigenden Handlungsdruck im Städtewettbewerb, dem die Städte und Gemeinden zukünftig ausgesetzt sein werden. Wenn dieser weiter wachse, man zunehmend von erfolgreichen Beispielen lerne und Erfahrungen mit strategischen Prozessen und deren handwerklich sauberer Ausgestaltung und Durchführung sammle, sei von einem Bedeutungszuwachs des umfassenden Stadtmarketingansatzes auszugehen (vgl. BIRK/GRABOW/HOLLBACH-GRÖMIG 2006, S.317). Die Tatsache, dass das Difu selbst keine Folgeumfrage zum Stand des Stadtmarketings durchführte lässt vermuten, dass sich diese These nicht bewahrheitet hat. Betrachtet man die Entwicklungen der letzten zehn Jahre seit Durchführung der letzten Umfrage, ist in vielen Kommunen tatsächlich ein steigender Handlungsdruck zu beobachten. Gleichzeitig verschärfte sich vielerorts die finanzielle Situation, was in den Ergebnissen der BCSD-Umfrage ebenfalls deutlich wurde. Bereits die Ergebnisse der Difu-Umfragen 1995 und 2004 zeigten, dass das rudimentäre/partielle Stadtmarketing zunahm und sich weiter ausdifferenzierte. Vermutlich führte der steigende Handlungsdruck in Verbindung mit begrenzten finanziellen Mitteln in den letzten Jahren eher dazu, dass die Fokussierung auf bestimmte Teilbereiche wie z.B. Citymarketing weiter zunahm und der umfassende Stadtmarketingansatz weiter in den Hintergrund rückte. Sich diese Tatsache empirisch bestätigen zu lassen und damit möglicherweise die Diskussion über die Notwendigkeit des Stadtmarketings erneut anzukurbeln, barg möglicherweise eine zu große Gefahr. Da empirische Daten jedoch für eine valide Auseinandersetzung mit Stadtmarketingprozessen essentiell sind und häufig auch zur Rechtfertigung dieses Arbeitsfeldes benötigt werden, konnte nicht darauf verzichtet werden, sich erneut dieser Thematik anzunehmen. Somit verwundert es auch nicht, dass die Bilanz der BCSD in der Auswertung ihrer Umfrage überwiegend positiv ausfällt.

Stadtmarketing ist ein breites Themenfeld mit vielen Querschnittsthemen und deshalb ohnehin schwer empirisch zu erfassen. Trotzdem ist es schade, dass die BCSD ihre Umfrage nicht nutzte, um mehr aussagekräftige Ergebnisse zu erhalten. Auch, wenn manche Erkenntnisse möglicherweise nicht überwiegend positiv ausgefallen wären, hätte es durchaus Möglichkeiten gegeben, diese zu relativieren. Eine Ergänzung durch beispielsweise qualitative Erhebungsmethoden oder Beispiele aus der Praxis wären hier denkbar.

So bleibt die Auswertung leider oberflächlich und es entsteht bei näherer Betrachtung der Eindruck, dass dies auch so gewollt war. Für den externen Blick auf das Stadtmarketing als Instrument ist dieser Aspekt möglicherweise sogar negativer behaftet, als es das Eingestehen des Scheiterns des umfassenden Stadtmarketingansatzes gewesen wäre. Denn im Grunde spielt es für den Erfolg des Stadtmarketings keine Rolle, welcher Ansatz verfolgt wird, solange dieser zielgerichtet und konsequent umgesetzt wird. Es ist nicht anzunehmen, dass sich die Situation der Kommunen im Bezug auf die zur Verfügung stehenden Ressourcen in den nächsten Jahren großartig verändern wird. Umso mehr Sinn macht es für viele Städte, sich auf bestimmte Teilbereiche oder Projekte zu konzentrieren und diese auch Schritt für Schritt erfolgreich umzusetzen. Obgleich die Konzentration auf gewisse Teilbereiche sich durchaus positiv auf die Stadtentwicklung auswirken kann, sollte hinterfragt werden, ob diese Entwicklung hin zum „rudimentären" Stadtmarketing tatsächlich der richtige Weg ist. Im Gegensatz zu anderen städtischen Handlungsfeldern ist das Stadtmarketing keine Pflichtaufgabe. Dabei ist es im Grunde viel zu wichtig, um es zu vernachlässigen. Es stellt das ideale Instrument dar, um verschiedene städtische Handlungsfelder miteinander zu vereinen und Synergieeffekte zu generieren. Insbesondere der kooperative Ansatz, der alle relevanten Akteure mit einbezieht, spielt dabei eine zentrale Rolle. Zu überlegen wäre deshalb, rechtliche Rahmenbedingungen zu schaffen, die es zu einer städtischen Pflichtaufgabe machen, wesentliche Grundstrukturen des Stadtmarketings umzusetzen. Die BCSD hat es leider verpasst, im Rahmen ihrer Umfrage eine Empfehlung in diese Richtung abzugeben.

VI Literaturverzeichnis

ALBRECHT, C./SCHAAL, F. (2006): Organisationsformen von Stadtmarketing. In: Difu-Beiträge zur Stadtforschung (Hrsg.) (2006): Stadtmarketing – Status-Quo und Perspektiven. Berlin. S. 213-221.

BUNDESVEREINIGUNG CITY- UND STADTMARKETING E.V. (Hrsg.) (2014): Stadtmarketing im Profil - Aufgabe, Bedeutung und Entwicklung. Auswertung der bcsd-Mitgliederumfrage 2014. Berlin.

BIRK, F./BUSSO, G./HOLLBACH-GRÖMIG, B. (2006a): Stadtmarketing – Aktuelle Entwicklungen im Überblick. In: Difu-Beiträge zur Stadtforschung (Hrsg.) (2006): Stadtmarketing – Status-Quo und Perspektiven. Berlin. S. 19-35.

BIRK, F./BUSSO, G./HOLLBACH-GRÖMIG, B. (2006b): Stadtmarketing – Der falsche Begriff für die richtige Sache? In: Difu-Beiträge zur Stadtforschung (Hrsg.) (2006): Stadtmarketing – Status-Quo und Perspektiven. Berlin. S. 309-319.

BIRK, F./LEPPA, G. (2002): Stadtmarketing – Wirkungsorientiertes Management als Antwort auf den Wettbewerb von Städten und Standorten. In: BUNDESVEREINIGUNG CITY- UND STADTMARKETING E.V. (Hrsg.) (2002): Stadtmarketing – Stand und Perspektiven eines kooperativen Stadtmanagements. Aachen. S. 3-8.

BLOCK, J./ICKS, S. (2010): Stadtmarketing. Berlin.

BRANDNER, M. (2000): Stadtmarketing – Eine Synthese geographischer und betriebswissenschaftlicher Positionen in Theorie und kommunaler Praxis. Nürnberg.

BUNDESVEREINIGUNG CITY- UND STADTMARKETING E.V. (Hrsg.) (2014): Stadtmarketing im Profil. Aufgabe, Bedeutung und Entwicklung. Berlin.

BUNDESVEREINIGUNG CITY- UND STADTMARKETING E.V. (Hrsg.) (2011): Stadtmarketing zwischen Werbung und Strategie. Berlin.

BUNDESVEREINIGUNG CITY- UND STADTMARKETING E.V. (Hrsg.) (2010): Positionspapier BCSD: Stadt ist Leben – Stadtmarketing und Stadtentwicklung. Berlin.

EBERT, C. (2004): Identitätsorientiertes Stadtmarketing – Ein Beitrag zur Koordination und Steuerung von Stadtmarketing. Frankfurt am Main.

GRABOW, B. (1995): Stadtmarketing und Regionalisierung – Herausforderungen der Zukunft. In: PECHLANER, H. et al. (Hrsg.) (2006): Regionalisierung und Standortmanagement als Grundlage der Wettbewerbsfähigkeit. Berlin.

GRABOW, B./HOLLBACH-GRÖMIG, B. (1998a): Stadtmarketing – Neues Instrument oder Modeerscheinung? In: Difu-Beiträge zur Stadtforschung (Hrsg.) (1998): Stadtmarketing – Eine kritische Zwischenbilanz. Berlin. S. 9-16.

GRABOW, B./HOLLBACH-GRÖMIG, B. (1998b): Stadtmarketing – Etiketten, Elemente, Typen. In: Difu-Beiträge zur Stadtforschung (Hrsg.) (1998): Stadtmarketing – Eine kritische Zwischenbilanz. Berlin. S. 27-38.

GRABOW, B./HOLLBACH-GRÖMIG, B. (1998c): Stadtmarketing als umfassendes Konzept einer kooperativen Stadtentwicklung. In: Difu-Beiträge zur Stadtforschung (Hrsg.) (1998): Stadtmarketing – Eine kritische Zwischenbilanz. Berlin. S. 59-89.

GRABOW, B./HOLLBACH-GRÖMIG, B. (1998d): Gesamtbetrachtung/Resümee. (Hrsg.) (1998): Stadtmarketing – Eine kritische Zwischenbilanz. Berlin. S. 169-179.

GRABOW, B. /./HOLLBACH-GRÖMIG, B. (2006): Stadtmarketingelemente und Typen von Stadtmarketing. In: Difu-Beiträge zur Stadtforschung (Hrsg.) (2006): Stadtmarketing – Status-Quo und Perspektiven. Berlin. S. 61-81.

FLOETING, H./HOLLBACH-GRÖMIG, B. (2005): Neuorientierung in der kommunalen Wirtschaftspolitik. In: Deutsche Zeitschrift für Kommunalwissenschaften (Hrsg.) (2005). Heft 4. S. 10-39.

HELBRECHT, I. (2002): Stadtmarketing – Ein gereiftes Steuerungsmodell? In: WOLF,K./THARUN, E. (Hrsg.): Stadt- und Regionalmarketing – Vermarktung von Stadt und Region. Rheinische Forschungen. Heft 122. Frankfurt am Main. S. 15-23.

HELBRECHT, I. (1994): Stadtmarketing. Konturen einer kommunikativen Stadtentwicklungspolitik. Berlin.

PRESSEAUSSCHUSS DES DEUTSCHEN STÄDTETAGES (1990): Stadtmarketing – Hinweise zu einer Herausforderung. In: PRESSEAUSSCHUSS DES DEUTSCHEN STÄDTETAGES (Hrsg.) (1990): Der Städtetag. Heft 3. S. 233-234.

Internetquellen:

GABLER WIRTSCHAFTSLEXIKON (o.J.): Neues Steuerungsmodell (NSM). Online unter: http://wirtschaftslexikon.gabler.de/Definition/neues-steuerungsmodell-nsm.html. (Stand: 26.12.2016).

GABLER WIRTSCHAFTSLEXIKON (o.J.): Balanced Scorecard. Online unter: http://wirtschaftslexikon.gabler.de/Definition/balanced-scorecard.html. (Stand: 26.12.2016).

KLOPP, E. (Hrsg.) (o.J.): Explorative Faktorenanalyse. Online unter: http://www.eric-klopp.de/texte/methoden/14-explorative-faktorenanalyse. (Stand: 26.12.2016).